노거수와 마을숲

노거수와 마을숲

정계준 지음

경상대학교출판부

저자의 말

시골 자연마을에는 나이 먹은 노거수나 마을숲이 흔히 남아 있다. 이런 노거수와 마을숲은 어린이들의 좋은 놀이터로, 동네 사람들의 휴식과 회합 장소로, 또 민간신앙의 대상으로 그 역할을 해 왔다. 우리 농경문화의 중요한 한 부분으로 농촌공동체 생활의 중심지로서 기능해 온 것이다. 하지만 시골 인구와 가구 수가 급격히 줄면서 마을공동체가 붕괴되는 지경에 이르자 이런 오랜 문화를 이어 온 마을숲과 노거수는 사람들의 관심 밖으로 밀려났고 자연히 관리와 보전이 어려운 환경에 처하는 경우가 많아졌다. 또한 산업화와 도시화 등으로 인한 개발이나 미신 타파 등의 이유로 훼손되는 경우도 적지 않았다.

노거수와 마을숲은 단순히 나이 많고 큰 나무로 또는 오래된 숲으로 치부될 수 있는 것이 아니고 오랜 세월 농경생활을 해 온 우리 민족의 애환과 정서가 그대로 녹아 있는 살아 있는 문화재이기도 하다. 값으로 따질 수 없는 이러한 중요한 유산이 무관심과 관리 소홀, 눈앞의 작은 경제적 이익 때문에 사라지고 훼손되는 것은 무척 가슴 아프고 안타까운 일이다.

경남은 전국에서도 마을숲이 많이 남아 있는 지역이다. 통일신라 때 조성되어 우리나라에서 가장 오래된 마을숲으로 꼽히는 함양 상림, 전국 제일의 해안 방풍림이자 어부림인 남해 물건리 방조어부림, 홍수 방지 숲이면서 최고의 절경을 자랑하는 하동 송림 등 전국적인 명성을 자랑하는 마을숲 여럿이 경남에 있다. 경남에는 그 외에도 이들 못지않게 오래되고 풍광이 좋은 마을숲도 많다. 특히 남해와 창원은 전국 어느 지역보다도 오래된 마을숲이 많이 남아 있으며 보전상태도 양호하여 지역의 큰 자원이자 자산으로 자랑할 만하다.

앞으로 이들 마을숲을 잘 보존하고 숲을 조성하여 자연재해를 막고 삶의 터전을 지켜낸 선조들의 지혜를 배우는 학습의 장으로, 또 몸과 마음을 치유

하며 멋진 풍광을 즐기고 감상하는 관광 자원으로서 더 많이 활용될 수 있었으면 한다.

저자는 오래전부터 노거수와 마을숲이 훼손되고 사라지기 전에 경남 일대에 산재한 노거수와 마을숲 만이라도 조사하여 기록으로 남겨두어야겠다는 생각을 해 왔다. 수년에 걸쳐 자료를 모으고 시간 나는 대로 조사를 진행해 온 결과를 이번에 단행본으로 출간하게 되었지만 이 결과가 완벽하다고 생각하지는 않는다. 이런 조사와 연구는 단번에 완벽하게 이루어지긴 어려운 일이며 미처 조사·수록하지 못한 노거수와 마을숲도 다수 있을 것으로 생각한다. 이번 단행본 출간이 이 분야에 대한 관심을 일깨우고 주목하게 되는 계기가 되어 앞으로 더욱 많은 연구가 이루어지길 바란다. 나아가서 노거수의 보호와 관리에도 더 많은 관심과 애정을 기울여 이들이 오래도록 잘 보전되는 계기가 된다면 이 책을 쓴 보람이 있겠다.

이 단행본을 준비하는 과정에서 현지답사마다 동행하여 조사를 도와주고 조수 역할을 해 준 아내에게 고마운 마음을 전한다. 또 자료 정리를 도와 준 막내딸 미란이의 노고도 치하해 주고 싶다.

독자층이 얕은 분야의 책을 내는 게 부담스럽기는 일반 출판사나 대학 출판부나 다를 바가 없을 것이다. 그런 면에서 연구 결과를 책으로 펴낼 수 있게 해 준 경상대학교 출판부에 심심한 감사를 표하고 싶다.

또한 좋은 책을 만들기 위해 편집과 교정 및 디자인에 심혈을 기울여 준 김종길 편집장과 유화정 선생 및 김성은 선생의 노고에도 감사의 뜻을 표한다.

2017년 10월

정계준

목차

1부

노거수

제1장 노거수란?

1. 노거수

노거수란 개념은 근년에 정립된 것이다. 한마디로 수령이 오래되고 아주 큰 나무를 이르는 말이다. 하지만 수령이나 크기가 얼마 이상이 되어야 한다는 명확한 기준이 있는 것은 아니다. 우리가 노인이라 지칭할 때 명확하게 몇 살 이상이어야 하는지 그 기준이 애매한 것과 비슷하다고 하겠다. 이처럼 노거수의 기준은 사람에 따라 다르며 절대적인 기준은 없지만 대체로 수령이 100년은 넘고 그 크기 또한 동종의 나무 중에서 특히 큰 나무를 노거수라고 부르고 있다(장은재·김종원, 2007). 대개 노거수는 마을 또는 행정 기관 등에서 그 문화적 가치를 인정하고 보존 보호 중인 나무를 의미한다고 보면 무방할 것이다.

수령이 100년 이상이라고 했지만 이는 최소한의 기준이다. 비교적 100년생 정도의 나무가 흔한 소나무, 느티나무, 은행나무 등은 100년생 정도의 나무를 노거수로 보기에는 어려운 점도 있으므로 수종에 따라서는 그 기준이 일률적으로 적용될 수 없는 경우도 있다.

수령 외에 노거수의 기준이 되는 척도로는 나무의 크기를 들 수 있는데 크기는 대개 가슴높이줄기둘레흉고직경, 胸高直徑, 높이, 수관 폭樹冠幅이 기준이 되지만 이 또한 얼마 이상이어야 한다는 명확한 기준을 말하기는 어렵다. 한편 노거수는 지역의 원식생原植生이 살아남은 유존물遺存物인 경우와 사람이 인위적으로 심은 경우로 나눌 수 있는데 원식생의 경우 그 지역의 자연 식생을 이해하는 데 소중한 자료가 될 수도 있다.

2. 노거수 연구사

우리 민족이 노거수를 신목 또는 영목으로 숭배하고 신성시한 것이 언제부터인지 단정하기는 어렵다. 그만큼 오래된 일이고 인류 문화 발상과 거의 함께 시작한 것으로 보이지만 이에 대한 본격적인 조사나 연구는 그 역사가 깊지 않다. 일제 강점기인 1919년에 조선총독부가 발간한 『조선 노거수 명목지朝鮮老巨樹名木誌』를 최초의 연구 보고서라 할 수 있는데 일본인 학자 이시토아石戸谷勉가 1916년에 조사된 내용을 정리해서 편찬했다.

여기서는 전국의 거수, 노수 및 명목 66종 5,339점을 조사하여 신목, 당산목, 호안목, 정자목, 피서목, 풍치목, 명목 등 일곱 가지 유형으로 나누고 소재지, 흉고둘레, 수령, 전설과 고사 등과 함께 설명했다. 물론 여기서 분류한 신목과 당산목 및 정자목과 피서목 등은 서로 구분이 뚜렷하지 않고 일부 중첩되거나 누락된 것도 많지만 전국적으로 조사하여 이러한 조사 보고서를 냈다는 데 큰 의의가 있다. 5,339점 가운데 가장 비율이 높은 수종은 느티나무로 1,939점이었고 다음으로 팽나무 817점, 은행나무 471점, 들메나무 443점, 회화나무 309점, 버드나무류 154점, 전나무 110점, 느릅나무 108점 등의 순이었다. 대개 깊은 산에 자생하며 노거수로 많이 발견되지 않는 들메나무가 많은 것이 특이하다.

광복 후 노거수에 대한 본격적인 조사와 연구는 1970년대부터 이루어졌다. 1972년에는 내무부에서 전국의 노거수를 조사한 『보호수지保護樹誌』를 발간했다. 총 13,784점의 보호수를 수록했으며 그중에는 천연기념물 118점도 포함되어 있다. 여기서는 수령과 진귀함 등에 따라 노거수의 품격 분류를 시도했는데 시도의 나무는 수령 500년, 시군의 나무는 수령 300년, 읍면의 나무는 수령 200년, 그리고 마을의 나무는 100년 이상을 기준으로 채택했다.

최근에는 노거수에 대한 보다 구체적인 연구도 이루어지고 있는데, 노거수의 실태와 보호 관리 등에 관한 연구로는 문창국과 김삼식(1976), 신세균과 심우경(1992), 김용수 등(1996), 유재은(1999), 심근정 등(1999), 박종민 등(2000)의 연구 보고가 있었다. 또한 노거수를 문화 민속 및 신앙적 측면에서 고찰한 김학범과 장동수(1994), 박용진(1995)의 연구가 있었다. 강전유(1993)는 〈수목 외과 수술 자료〉, 이희봉(1998)은 〈노거수의 보호 실태와 치료 방법에 관한 연구〉 등을 통하여 노쇠한 노거수의 외과 수술과 보존대책을 제시하고 있는 등 적지 않은 연구가 지속되고 있다.

3. 문화적 관점에서 본 노거수의 성격

과학적 사고로 무장된 현대인에게 노거수란 단지 나이 먹은 커다란 나무에 지나지 않을지도 모른다. 그러나 20~30년 전만 해도 크고 나이 많은 노거수는 누구도 침범할 수 없는 영성靈性이 있는 존재로 간주됐다. 오래된 자연 마을이면 당연히 정자 숲이 있거나 동구 밖에 노거수 몇 그루가 있기 마련이었고 그 나무들은 아기를 못 낳는 여인네의 기도 대상이면서 우환이 있거나 아픈 사람이 있는 가정에서 정화수를 올리고 우환을 더는 기도처이기도 했다.

노목과 거수는 신체神體였기 때문에 톱으로 가지를 베거나 자르는 일은 상상도 할 수 없었다. 설혹 나무가 너무 크게 자라 경작지에 그늘을 드리우고 농사에 방해가 되어도 당연하고 어쩔 수 없는 것으로 여겼다. 예전에 땔감이 부족하여 겨울이면 산에서 곡괭이로 그루터기를 파고 낙엽을 긁고 솔방울을 주워서 땔감으로 썼지만, 노거수에서 떨어진 죽은 가지나 낙엽은 누구도 쓸어가지도 연료로 쓰지도 않았다. 신체로 경외의 대상이었기에 떨어진 가지조차도 함부로 하지 않았던 것이다. 그러나 추석이면 노거수에 그네를 매는 일 등은 스스럼없이 했다. 나무에 해를 끼치는 일은 아니라는 생각을 했음 직하며, 이런 면에서 시골 사람들의 문화에 직접적인 영향을 끼쳤음을 알 수 있다.

또한 노거수 아래와 정자 숲은 동네 사람들의 회의 장소였고 피서지로서도 톡톡히 역할을 했다. 노거수를 이용하는 측면이나 문화적 관점으로 보면 서로 많은 부분이 겹치고 복합적인 경우가 많으며 학자에 따라 다르게 분류하지만 다음과 같이 나누어 볼 수 있다.

• 신목(神木)

수목 자체를 신령시하는 노거수다. 우리 전통 시골 마을에서는 특정 노거수만 신목으로 보기보다는 대부분의 노거수를 신격으로 대하는 경향이 있다. 경우에 따라서는 제단이 마련되어 있고 매년 제사를 지내기도 했다. 그런 제단이나 제례가 없더라도 신성시하는 정도만 다르지 함부로 대하지 아니했고 특히 나무를 해치는 행위를 금기시했다. 마을 단위로 정초에 제사를 지내기도 하지만 신목은 개인과 가정의 무사와 안녕, 병의 치유 및 득남 등을 비는 대상이기도 했다.

• 당산목(堂山木)

신목 중에서 마을과 마을 주민의 안녕을 비는 당산, 서낭당, 해신당 등에 있는 노거수를 특히 당산목이라 한다. 때로는 서낭당 등이 없이 노거수 자체를 당산목이라 부르기도 한다. 대체로 당산목이라 하면 신목의 성격이 더욱 강하며 마을과 개인, 가정의 안녕과 무사, 병의 치유, 행운 등을 기원하는 기도 행위가 적극적으로 일어나는 대상이다. 당산목은 정월 대보름 등 특정한 날에 동민들 중에서 뽑힌 제관이 주관하여 당산제를 지내는 대상이다. 한 마을에 당산목이 2개 이상 있어 차례로 당산제를 지내는 경우도 흔하게 볼 수 있다.

• 동목(洞木)

흔히 동목이라 지칭되는 나무는 마을의 상징적인 역할을 한다. 역사가 오래된 시골 마을에는 대개 특정 성씨 사람들이 세거하는 경우가 많다. 마을의 입향조나 입향조의 몇 대 직계 후손이 심었다는 유래나 전설이 있는 노거수도 다수 볼 수 있는데 이러한 노거수는 마을의 역사이면서 문중의 상징이 되기도 한다. 동목은 또한 당산목의 역할도 겸하는 경우가 대부분이며 이 경우 동목은 곧 신목이기도 하다.

• 정자목

마을의 공동 회합 공간인 공터나 정자, 서당, 향교, 사정射亭 등의 부근에 있는 나무로 풍치수, 녹음수의 역할을 한다. 정자목 아래는 여름철 마을 사람들의 휴식처가 되며 담소와 회합의 장소가 되기도 한다. 또한 설이나 정월 대보름, 추석 등의 명절에는 농악패가 신명을 울리는 곳이기도 하고 제기차기, 그네뛰기 등의 각종 민속놀이를 하는 놀이터가 되기도 한다. 정자목이라고 해서 신목의 역할을 하지 않는 것은 아니며 정자목이 여러 그루 있을 경우 그중에서 특정 나무가 당산목이자 신목의 역할을 하는 경우가 많다.

• 명목(名木)

성현이나 위인 등 유명 인사가 직접 심은 나무, 명사와의 인연이 얽혀 있는 나무, 조정에서 품계를 받거나 벼슬을 받은 나무 등이 이에 해당한다. 세조로부터 정이품 품계를 받은 속리산 법주사의 정이품송, 마의태자가 심었다는 전설이 있는 양평 용문사의 은행나무, 그리고 임진왜란 때 곽재우 장군이 북을 매달아 놓고 치면서 의병을 모집했다는 의령 세간리의 현고수 느티나무 등이 대표적인 예이다.

• 방재목

하천 둑이나 강가에 심어 홍수를 막거나 둑을 보호하기 위해 심은 나무 또는 바람을 막기 위해 심은 나무를 말한다. 대개 숲의 형태로 존재하지만 세월이 지남에 따라 숲이 손상되고 독립 노거수만 있는 경우도 있다.

• 비보목(裨補木)

풍수상의 이유로 마을의 허한 곳을 보완하기 위해 심거나 지세상의 필요에 의해 심고 가꾼 노거수이다. 때로는 숲을 이루어 바람을 막아 주는 방재목의 역할을 함께하는 경우도 있다. 경남 함양군 서하면 운곡리의 은행나무는 마을의 지형이 풍수상 행주형行舟形이라 배의 돛대 역할을 하는 나무로 심었다는 전설이 전하니 비보목의 예이다.

• 희귀목

자연에서 흔히 볼 수 없는 수종의 노거수는 그 희소성으로 인해 더욱 가치가 크다. 노거수로서의 희귀목은 종 자체의 희귀성을 따지는 생태적 희귀 수종과는 약간 다른 개념일 수도 있다. 종 자체는 희귀종이라 볼 수 없지만 노거수로는 매우 드물 경우 희귀목의 범주에 포함될 수 있다. 노거수가 흔한 느티나무, 팽나무, 은행나무, 소나무 등의 경우는 수령 500년생 이상 되는 나무도 아주 많지만 수령 200년짜리도 보기 어려운 수종도 많다. 이 경우 단순히 수령이나 나무의 크기만으로 노거수의 보존 가치를 매길 수는 없을 것이다. 예컨대 백송은 종 자체는 희귀종이 아니지만 우리나라에서 노거수로는 흔치 않다. 따라서 200년 정도의 수령만 되어도 대부분 천연기념물로 지정해 보호하고 있다.

4. 노거수의 법적 보호와 관리

• 조선보물고적명승천연기념물보존령

우리나라에서 노거수에 대한 법적인 보호 조치는 일제 강점기인 1933년 8월에 공포된 「조선보물고적명승천연기념물보존령」에서 출발한다. 이 법령 중 노거수와 관련 있는 천연기념물에 대한 조항은 다음과 같다.

제1조에 "경승景勝의 땅 또는 동식물, 지질 광물, 그밖에 학술 연구의 자료가 될 수 있는 것으로 보존의 필요가 인정되는 것은 조선 총독이 명승 또는 천연기념물로 지정할 수 있다"고 했다.

제2조에 "전조前條의 지정을 하고자 할 때는 조선 총독은 보물, 고적, 명승, 천연기념물 보존회의 자문을 거쳐야 한다"고 하여 전문가들의 의견을 존중하도록 했다.

제5조에 "명승 또는 천연기념물에 관해서 현상을 변경하거나 보존에 영향을 미치는 행위를 할 때는 허가를 받아야 한다"고 규정했다.

제22조에 "허가 없이 명승이나 천연기념물에 관하여 그 현상을 변경하거나 보존에 영향을 미칠 행위를 한 자는 1년 이하의 징역, 금고, 또는 500원 이하의 벌금, 과료에 처할 수 있도록 했다"고 규정했다.

위의 보존령에 대한 시행 규칙은 같은 해 12월에 공포됐는데, 이 법에서는 다음과 같은 19가지의 식물에 관한 보존요목이 나열되어 있다.

① 학술상 가치 있는 사총(寺叢), 뛰어난 줄나무, 명목, 거수, 노수

② 대표적 원시림, 희유(稀有)의 임상(林相)

③ 대표적 고산식물대

④ 진기한 식물의 자생지

⑤ 식물 분포의 경계를 뚜렷하게 보이는 곳

⑥ 수이입(輸移入) 식물로 학술상 가치가 있다고 인정되는 것

⑦ 배양식물(培養植物)의 희유(稀有)한 원산지

⑧ 절멸의 위기에 처해 있는 식물

⑨ 지천(池泉), 호소(湖沼), 하해(河海) 등에 나는 수초류, 조류(藻類), 선류(蘚類), 태류(苔類), 지의류 등으로서 진희(珍稀)한 것

⑩ 대표적 석회암 식물, 암상식물(岩上植物) 및 건생식물(乾生植物) 군락

⑪ 동혈(洞穴) 내 또는 농호(瀧壺)로서 고유의 식물이 발생해 있는 곳

⑫ 해안 또는 하호(河湖)의 안변(岸邊) 모래 언덕으로서 고유의 사방식물(砂防植物)이 나 있는 곳

⑬ 온천의 천원(泉源) 및 흘러내리는 열수(熱水) 또는 온수 중에 고유의 하등동물이 많이 발생해 있는 곳

⑭ 고유의 특성을 지니고 있는 원야(原野) 또는 대표적 습원(濕原) 식물 군락

⑮ 난초류, 덩굴식물 또는 은화식물이 무성하게 나 있는 곳이나 이들 식물이 많이 나 있는 임수(林藪)

⑯ 도서로서 그곳에 나는 식물상이 특이한 것

⑰ 현재 희소하거나 또는 장차 희소해질 우려가 있는 야생의 유용식물

⑱ 저명한 화석식물 및 화석삼림(化石森林)의 소재지

⑲ 학술상 특히 귀중하다고 인정되는 표본 및 화석

• 문화재보호법

광복 이후인 1962년 1월 법률 제961호로 「문화재보호법」이 공포됐다. 이 중 천연기념물에 관한 내용은 제2조 3항에 정의된 문화재의 내용에 명시되어 있다. 이 조항에서는 문화재를 패총, 고분, 성지, 궁지, 가마터, 그리고 유물을 포함한 기타 사적지, 경승지, 동물, 식물, 광물로서 우리나라의 역사적·예술적·학술적 또는 관상 가치가 큰 것으로 규정하고 있다.

또한 제3조에서는 문화재 보호의 기본원칙을 제시하고 있는데, 문화재의

보존·관리 및 활용은 원형 유지를 기본원칙으로 한다고 천명하고 있다. 또한 이 법의 부칙 제2조에서 1933년 8월 제정된 제6호 「조선보물고적명승천연기념물보존령」을 폐지한다고 하여 비로소 일제 강점기 때 제정된 법률이 무효화되고 우리 정부에 의한 새 법률이 시행되게 됐다.

그 뒤 「문화재보호법」은 몇 차례 개정을 거쳤으며, 1989년 12월 제4183호로 공포된 내용에서 문화재를 그 속성에 따라 유형문화재, 무형문화재, 기념물, 민속자료 등의 네 가지 유형으로 나누었고 식물은 동물, 광물, 동굴, 패총, 고분, 성지, 가마터 등과 함께 기념물 범주에 넣었다.

그 후 여러 차례의 부분적 개정을 거쳐 현재의 「문화재보호법」은 법률 13964호로 2016년 2월 3일 일부 개정된 법률이 시행되고 있다. 시도 기념물에 관한 법적 근거는 이 법의 제70조와 71조에 규정되어 있다.

• 문화재보호법시행령

「문화재보호법시행령」은 대통령령 27720호이다. 2016년 12월 30일 최종 개정되어 시행되고 있는데 48조까지 있으나 10개조가 수차례의 개정에서 삭제되어 실제는 38조로 구성되어 있는 셈이다. 이 영은 「문화재보호법」에서 위임된 사항과 그 시행에 필요한 여러 사항을 구체적으로 규정하고 있다.

• 문화재보호법시행규칙

이 규칙은 「문화재보호법」 및 「문화재보호법시행령」에서 위임된 사항과 그 시행에 필요한 사항을 세세하게 규정하고 있는데 현 규정은 2016년 6월 22일 일부 개정된 것으로 전체 63조로 구성되어 있으나 10개조가 여러 차례의 개정 과정에서 삭제되어 실제 조문 수는 53개조로 구성되어 있다.

5. 노거수 보존·관리의 문제점과 개선 방안

위에서 본 바와 같이 현재 노거수 관리와 보존 등에 관한 법률이 마련되어 시행되고 있으나 실제 천연기념물 및 도 기념물로 지정된 노거수나 마을숲 등에 관한 보호와 관리는 허점이 너무 많은 실정이다.

• 문화재 지정 해제가 필요한 노거수들

경남 통영시 충렬사의 동백나무를 보자. 원래 이곳에는 동백나무 네 그루가 경상남도 기념물로 함께 지정됐다. 그러나 두 그루는 완전히 고사한 지 수년이 지났고 한 그루는 고사 직전으로 회복 불능의 상태에 빠져 있어 사실상 겨우 한 그루만 남았지만 이 역시 고사 위기에 직면해 있다. 그런데도 문화재 자료에는 여전히 네 그루로 등재되어 있으며 고사의 원인도 제대로 분석하지 않고 주먹구구로 관리하여 남아 있는 나무마저 수세가 더욱 약화되고 있다.

필자가 조사해 보니 충렬사 동백의 고사 원인은 관리 부실로 판단됐다. 이는 무심해서가 아니라 나무의 생리를 모르는 사람들이 주먹구구식으로 관리를 했기 때문이다. 수년 전부터 나무가 쇠약해지자 나무에 도움이 될 것으로 생각하고 지속적으로 나무에 수돗물을 공급했다고 한다. 수백 년 묵은 나무에 이처럼 갑자기 물을 지속적으로 주게 되면 뿌리가 호흡을 하지 못해 되레 고사의 원인이 될 수 있다. 물을 주는 것은 가뭄이 극심할 때나 필요한 것으로 평소에 나무에 지속적으로 물을 주는 것은 되레 해로운 행위가 되기 쉽다. 계속하여 동백이 죽어 나가자 이전에 복토를 한 게 원인이라 진단하고 나무 주위만 흙을 파내어 웅덩이를 만들어 두었으니 여름 장마철에는 나무가 물웅덩이에 빠진 상태가 될 수밖에 없었다. 충렬사 관리자에게 이런 조치는 나무를 죽이는 것이니 웅덩이 아래쪽 축대를 일부 제거하여 물이 고이지 않게 해야 할 것이라고 충고한 바가 있는데 사후약방문이 아닌지 걱정이다.

경남 고성군 옥천사 청련암의 찰피나무는 그루터기가 대부분 썩은 것으로 보아 고사한 지 10년도 넘은 것으로 보이는데도 여전히 도 기념물로 지정된 채로 남아 있다. 찰피나무는 희귀 수종도 아니고 노거수이기 때문에 지정된 것인데 죽었으면 도 기념물에서 즉시 해제하는 것이 마땅할 것이다. 그대로 방치해 둔다면 도 기념물로 지정된 노거수라고 찾는 관광객이나 관심을 갖고 있는 인사들에게 허탈감만 안겨 줄 것이다.

역시 도 기념물인 경남 하동군 정금리 차나무는 2010년에 고사하여 죽은 지 이미 7년이 지났지만 아직도 도 기념물에서 해제되지 않은 채로 있어 기념물 지정과 관리의 난맥상만 드러내고 있다.

또 경남 기념물 240호로 지정된 경남 합천군 쌍책면 성산리의 느티나무는 거의 고사 직전으로 회복이 불가능한 상태여서 이미 도 기념물로서의 가치를 상실했다. 차제에 이것도 정리할 필요가 있다고 본다.

• 문화재 지정이 필요한 노거수들

천연기념물이나 도 지정 기념물로 지정되지 않았지만 이미 지정된 노거수나 마을숲보다도 문화재적 가치와 보존 가치가 훨씬 큰 노거수나 마을숲도 상당수 있다. 이들이 아직 등재되지 않고 관리 밖에 놓여 있어 훼손의 위험이 큰 곳도 많으니 문화재급 노거수와 마을숲의 체계적인 조사와 등재도 시급히 이루어져야 한다고 본다.

대표적인 예로 경남 합천군 율곡면 문림리의 상수리나무를 들 수 있다. 이 나무는 상수리나무로서는 보기 드문 거목으로 가슴높이줄기둘레가 455cm에 달한다. 그런데도 천연기념물로 지정되어 있지 않다. 우리나라에서 상수리나무 노거수가 천연기념물로 지정된 것은 없는데, 비슷한 수종인 갈참나무의 경우 경북 영주시 단산면 갈참나무는 천연기념물 제285호로 지정되어 있다. 이 갈참나무는 가슴높이줄기둘레가 300cm에 수령은 300년 정도로 추정되고 있는데 합천군의 상수리나무는 이것보다 훨씬 더 큰 거수다. 역시 상수리나무와 가까운 사이인 굴참나무의 경우 천연기념물 제271호인 서울시 신림동 굴참나무는 줄기둘레 250cm에 수령 200년 정도로 추정되며, 천연기념물 제288호인 안동시 임동면 대곡리 굴참나무는 540cm에 수령 500년 정도로 추정된다. 굴참나무는 천연기념물로 지정된 노거수가 다수 있지만 상수리나무는 없으므로 그 가치가 더욱 크다고 볼 수 있다.

또 창원시 의창군 대산면 북부리에 있는 팽나무는 가슴높이줄기둘레가 680cm에 이를 정도로 큰 거목이다. 동일 수종 중 천연기념물 제310호로 지정됐던 전남 무안군 현경면의 팽나무가 지정 당시 가슴높이줄기둘레가 540cm였던 것과 비교하면 140cm나 더 크고, 역시 천연기념물로 지정된 부산시 구포동 팽나무의 가슴높이줄기둘레 550cm보다 130cm 더 크다. 마땅히 천연기념물로 지정하거나 도 기념물로 지정하여 체계적으로 보호 관리를 할 필요가 있다. 이 팽나무는 수형이 우람하고 좋은 데다 나무도 아주 건강한 편이지만 마을 뒤편 언덕 위에 서 있어 벼락으로 인한 피해가 우려되므로 그에 대한 대비책도 마련되어야 할 것이다. 통영시 충렬사의 후피향나무와 금목서는 노목을 보기가 무척 어려운 수종으로 보호 가치가 매우 큰 나무지만 보호 수종에서 제외되어 있다. 하루 빨리 이런 나무에 대한 철저한 조사가 이루어져 문화재로 등재되기 바란다. 그러나 관련 공무원만으로 이런 일을 효율적으로 추진하기엔 어려움이 많으므로 관련 위원회 등을 활용하여 전문성을 제고하고 적극적인 자문을 받는 것도 필요하다고 본다.

6. 문화재 지정 노거수의 공식 명칭 문제

현재 문화재에 부여된 명칭이 때로는 편의성과 형평성을 모두 잃고 있다는 생각이 들 때가 있다. 명칭은 그 문화재를 가장 적절하게 표현하는 이름이 마땅할 것이다. 마을에 있는 노거수는 마을 이름을 붙여 부르는 것이 당연하겠지만 사찰의 경내에 있거나 사찰의 소유 등일 경우에는 사찰 이름을 따서 명칭을 붙이는 것이 당연하다고 본다. 일반인들에게는 마을 이름보다는 사찰 이름이 더 친숙할 테니 찾아가는 데도 더 편리할 것임은 말할 나위가 없다.

예컨대 경남 기념물 제77호인 인곡리 모과나무는 의림사라는 전통 사찰 경내에 있으며 사찰 소유이다. 따라서 '의림사 모과나무'라 불러야 위치를 찾기도 쉽고 이해가 빠를 것이다. 역시 경남 기념물 제82호인 고성군 북평리 찰피나무와 제96호인 진주시 정평리 무환자나무 역시 전통 사찰인 고성 옥천사 청련암과 진주 응석사 경내에 있으므로 각기 '고성 옥천사 청련암 찰피나무'와 '진주 응석사 무환자나무'라 불려야 편리할 것이다.

전통 사찰 경내에 있는 문화재가 모두 이런 식으로 마을 이름이 붙은 것도 아니다. 천연기념물 제152호인 화방사 산닥나무 자생지, 제176호인 범어사 등나무 군락, 제541호인 해인사 학사대 전나무에서 보듯이 어떤 경우엔 사찰명이 붙어 있기도 하니 형평성도 잃고 원칙도 없는 듯하다. 경남 기념물 중에도 제124호인 거창 연수사 은행나무, 제212호인 함양 금대암 전나무, 제275호인 산청 청송사 소나무처럼 사찰명이 붙은 문화재 명칭도 있어 명칭 부여에 일관성이 없음을 보여 주고 있다. 이렇게 잘못 붙여진 이름은 차제에 올바르게 정리해야 할 것이며 차후에 지정되는 문화재에는 합리적인 명칭이 부여되도록 해야 할 것이다.

7. 노거수 입지의 생태 환경

노거수의 입지 분석에서 마을숲을 구성하는 노거수는 편의상 제외했으며 독립수와 숲을 이루지 않는 1~3그루 규모의 노거수만을 대상으로 했다.

경남 지역에서 천연기념물로 지정된 노거수를 분석한 결과 마을 안에 있거나 마을에 바로 인접한 곳에 있는 노거수가 8건으로 가장 많았고 그다음으로 마을 부근의 경작지 주변에 있는 것이 6건이었다. 또한, 마을 인근의 야산에 있는 것이 5건이었고 사찰 또는 사찰림 내에 있는 것이 1건으로 나타났다.

경상남도 기념물로 지정된 노거수는 마을 부근의 경작지 주변에 있는 것이 8건이었고 마을 안에 있는 것이 7건으로 나타났다. 그다음으로 사찰에 있는 것이 6건이었고 사당 또는 재실에 있는 것이 3건, 마을 인근의 야산에 있는 것이 3건이었다.

군 지정 보호수를 포함한 비지정 노거수의 경우, 총 54주 중 마을 안 또는 마을에 바로 인접해 있는 것이 17건, 마을 인근의 경작지 주변에 있는 것이 5건, 마을 인근 야산에 있는 것이 4건, 마을 인근 포장도로 변에 있는 것이 7건, 사당 및 재실에 있는 것이 10건, 사찰 내에 있는 것이 3건, 유원지 또는 경승지에 있는 것이 8건이었다.

천연기념물과 도 기념물 및 비지정 노거수를 종합해서 분석해 보면 전체 101주 중 마을 안에 있는 것이 32건으로 가장 많았고, 마을 부근의 경작지 주변에 있는 것이 19건으로 뒤를 이었다. 사당 또는 재실 등에 있는 것이 13건이었고 마을 인근의 야산에 있는 것이 12건, 사찰 또는 사찰림에 있는 것이 10건이었다. 그 외 마을 인근의 포장도로 변에 있는 것이 7건, 유원지 등에 있는 것이 8건이었다.

이처럼 대부분의 노거수는 마을에 인접해 있거나 주민들의 생활 근거지에 밀접하게 자리 잡고 있어 보호가 되는 측면이 있지만 또 다른 한편으로는 마을이나 경작지 또는 도로변에 인접해 있어 경작지에 그늘을 드리워 농민에게 피해를 입히기도 한다. 마을이나 경작지 주변에 있는 노거수는 이처럼 생활에 불편을 주는 측면도 있기 때문에 훼손될 우려도 있어 양면성을 가진다고 볼 수 있다.

8. 노거수 수종 분석

• 천연기념물 지정 노거수

경남 지역의 천연기념물 중 식물과 관련된 것은 노거수와 희귀수목의 군락지를 포함하여 24건이며 관련된 수종은 13종이다. 여기서 다양한 식물이 혼재되어 수림을 구성하는 숲은 분석 대상에서 제외했다. 분석 결과 반송을 포함한 소나무가 5건으로 가장 많았고 다음으로 이팝나무와 후박나무[후박나무와 동일종인 왕후박나무 포함]가 각 3건씩이었고 은행나무가 2건이었다. 그 외 회화나무, 생달나무, 느티나무, 음나무가 각 1건씩이었고 메밀잣밤나무 숲이 1건, 팔손이나무 자생지 1건, 산닥나무 자생지 1건으로 나타났다.

2017년 3월 현재 천연기념물로 지정된 전국의 노거수를 분석해 보면 소나무 31건, 은행나무 24건, 느티나무 19건, 향나무 10건, 이팝나무 8건 순이다. 이에 반해 경남의 경우는 이팝나무와 후박나무의 비율이 높은데 이는 난대 수종이 자라는 남해안을 끼고 있는 경남의 기후 특성을 반영하는 결과라 생각된다. 이팝나무는 중부 지방까지 식재 가능하지만 경상남북도와 전라남북도에 걸쳐 주로 분포하며 후박나무는 난대 수종으로 경남과 전남의 도서 지방에 주로 분포한다. 은행나무, 회화나무, 느티나무, 음나무는 전국적으로 분포 가능한 수종이며 실제 노거수도 전국에 걸쳐 거의 고르게 분포하고 있다. 생달나무와 메밀잣밤나무 및 팔손이나무는 모두 난대 수종으로 서남해의 도서 지방에 분포한다.

부산시의 경우 천연기념물 5건 중 배롱나무, 곰솔, 팽나무, 푸조나무가 각 1건씩 지정됐고 등나무 군락지가 1건 있다. 울산시의 경우는 천연기념물이 3건 있는데 은행나무 노거수 1건, 철쭉군락지 1건, 상록수림 1건이 있다.

• 도 기념물 지정 노거수

경상남도 기념물로 지정된 노거수 및 식물 군락은 34건으로 노거수가 27건이고 마을숲이 4건, 자연 숲이 2건, 기타 1건이었다. 노거수의 경우 은행나무와 느티나무가 각 5건씩으로 가장 많았고 그다음으로는 소나무와 모과나무, 동백 및 이팝나무가 각 2건씩이었다. 그 외 무환자나무, 향나무, 푸조나무, 비자나무, 전나무, 후박나무, 차나무, 배롱나무, 찰피나무가 각 1건씩이었다. 도 기념물로 지정된 노거수도 동백나무, 비자나무, 후박나무, 무환자나무, 푸조나무, 차나무 등의 난대성 수종을 다수 포함하고 있어 경남의 기후 특성을 반영하고 있다.

부산시 기념물로 지정된 식물은 3건인데 동백나무, 해송 및 회화나무가 각 1건씩이었다. 이 중 난대 수종은 동백나무 1건이 있다. 울산시의 경우 시 기념물로 지정된 노거수는 없다.

• 비지정 노거수

경남 지역의 천연기념물 노거수에 대한 조사와 분석은 임경빈(1993), 박상진(2006), 이찬우(2015) 등이 이미 단행본 등으로 소개한 바 있으나 비지정 노거수에 대한 종합적인 조사나 연구 분석은 없었다.

비지정 노거수는 천연기념물과 도 기념물로 지정된 노거수를 제외한 것을 지칭하며 이 중에는 군 보호수 등으로 지정된 나무도 포함됐다. 이번 조사에서 모든 노거수가 다 조사됐다고는 할 수 없으며 빠진 나무도 다수 있겠지만 우선 조사된 노거수만이라도 그 목록을 만들어 두는 것은 큰 의미가 있다고 생각한다. 또 오래된 마을숲이나 정자 숲에는 흔히 수백 년생의 노거수도 다수 존재하지만 이런 마을숲 속의 노거수는 편의상 이 분석에서는 제외했고 따로 마을숲의 수종 분석에서 다루었다.

조사된 경남 지역의 비지정 노거수는 총 54주로 이 중 느티나무가 18주로 가장 많았다. 다음으로는 팽나무가 9주, 은행나무가 6주였고 감나무 3주, 상수리나무 3주, 금목서 3주, 곰솔 3주, 소나무 2주, 배롱나무 2주가 뒤를 이었다. 그 외 푸조나무, 후박나무, 구실잣밤나무, 굴참나무, 후피향나무가 각기 1주씩 있었다.

특별한 나무로는 통영시 충렬사의 금목서 3주와 후피향나무 1주를 꼽을 수 있다. 이 나무들은 키가 아주 크게 자라지는 않는 나무라 우리가 통상적으로 생각하는 노거수의 범주엔 들기 어렵다. 그렇지만 큰 나무가 매우 희귀한 수종인 데다 수령이 매우 높으며, 대개 관목상으로 자라는 다른 나무들과 달리 특이하게 교목형으로 자라 줄기도 굵어 그 가치가 높으므로 보호해야 할 노거수 목록에 넣었다.

제2장 노거수 수종 해설

1. 수종별로 본 노거수의 특징과 민속적·문화적 가치

수종별 해설은 천연기념물 및 도 기념물로 1회 이상 지정된 종뿐 아니라 이 책에 수록되는 경남의 노거수 수종을 망라하여 가나다순으로 나열하여 해설했다. 수종별로 해설을 하는 이유는 일반적인 식물의 특성을 이해하는 것이 필요하다고 생각되는 데다 같은 종을 한 번에 설명함으로써 중복적인 설명을 피할 수 있기 때문이다.

• 감나무 *Diospyros kaki*

분류학적 위치와 형태적 특징

감나무과에 속하는 낙엽 활엽교목으로 수피는 흑갈색으로 얕게 갈라지고 잎은 도란형 내지는 넓은 타원형으로 길이 7~17cm에 너비 5~10cm로 큰 편이다. 꽃은 6월에 피는데 황백색으로 육질이고 화관은 병 모양이다. 열매는 장과이며 대형인데 가을에 주황색으로 익는다.

분포와 생태적 특성

산지에 분포하는 야생 감나무는 주로 충청 이남에서 발견되며 과일을 이용하기 위한 식재는 경기도와 충남 이남 지역 및 강원도 동해안 지역까지 가능하다. 품종에 따라 차이는 있지만 우리나라에서도 아주 추운 곳에서는 재배가 어렵다. 다양한 품종이 있는데 전통적으로 재배된 토종 감으로는 청도반시,

고종시 등이 있다. 양수로 볕바른 곳에서 자라는데 전국의 농촌에 과수로 식재하며 또 산야에 자생하기도 한다.

민속적·문화적 가치

정겨운 시골의 가을 풍경을 생각하면 올망졸망 집들이 어깨동무하고 있는 사이사이로 빨간 감이 주저리주저리 열린 모습이 떠오를 정도로 감나무는 시골 풍경을 아름답게 수놓는 중요한 요소이다. 늦가을 푸른 하늘을 배경으로 빨갛게 달려 있는 열매는 누가 봐도 감탄하게 되는 아름다운 시골 풍경이다. 열매뿐만 아니라 붉게 물드는 단풍도 또한 매력적이다.

감나무는 거의 전국적으로 식재되는 중요한 과일나무로 감은 오래전부터 우리 민족의 중요한 먹을거리로 기여해 왔다. 청도반시, 고종시, 월하감, 사곡감, 단성감 등 지역에 따라서 다양한 고유 품종이 있었으나 생산성이 높고 경제성이 높은 신품종 감들의 보급으로 수많은 토종 감나무 품종은 거의 사라지고 있는 안타까운 실정이다. 감꽃은 타닌을 함유하고 있어 싱싱할 때는 떫은맛이 나지만 주워서 실이나 풀회기 등에 끼워 며칠 두면 떫은맛이 사라져 먹을 수 있게 된다. 예전에 먹을 것이 귀하던 시절 감꽃은 시골 어린이들의 좋은 간식거리였다. 감의 열매 역시 익기 전에는 떫은맛이 강하여 먹을 수 없으므로 소금을 약간 탄 물에 담가 탈삽하거나 홍시 또는 곶감을 만들어 먹었다. 다 자라지 않은 채 낙과하는 풋감도 버리지 않고 소금을 탄 물에 하루 이틀 담가 떫은맛을 제거하여 먹었는데 역시 여름철 배고픈 어린이들에게 소중한 간식거리였다. 곶감은 저장용으로서도 훌륭하지만 제사상에서 빠질 수 없는 제수로도 이용됐다.

감나무 목재는 나뭇결이 아름답고 목재가 단단하여 각종 가구를 만드는 데 사용됐다. 특히 목재가 검은 흑감나무는 아주 귀한 고급 가구재로 이용되어 왔다.

• 곰솔〔해송, 흑송〕 *Pinus thunbergii*

분류학적 위치와 형태적 특징

소나무과에 속하는 상록 침엽교목으로 높이 30m, 지름 2m까지 자라며 수피는 흑갈색으로 거칠게 갈라진다. 잎은 2개씩 나며 딱딱하고 길이 4~6cm, 지름 1.5mm이다. 꽃은 4~5월에 피며 열매는 구과로 이듬해 10월에 익는다.

분포와 생태적 특성

소나무보다 추위에 약하여 제주도와 남해안이 주 분포지이며 서해안을 따라서는 경기도 남양까지, 동해안으로는 울진까지 분포한다. 남해안에서는 해안으로부터 4~8km까지 자라지만 북쪽으로 갈수록 그 분포 범위는 좁아진다. 우리나라 외에 중국과 일본에도 분포한다.

민속적·문화적 가치

다른 나무들이 자라기 어려운 척박한 바닷가 환경에 적응하여 바닷바람과 모래를 막아 주며 연료용으로도 많이 사용되어 바닷가 마을 주민에겐 매우 고맙고 소중한 나무다. 기근이 들면 겉껍질을 벗겨 내고 속껍질을 채취하여 먹기도 했으니 중요한 구황식물이며 꽃가루를 받아 식용과 약용으로 이용하기도 했다. 송진은 약용과 공업용으로 이용되어 왔다. 또한 바닷가 사람들에겐 소나무와 함께 집을 짓는 데도 많이 이용한 건축재이기도 했다. 곰솔은 근년 들어 전국적으로 확산되고 있는 소나무재선충병의 피해를 가장 많이 입는 나무이므로 앞으로 곳곳에 남아 있는 곰솔 노거수와 곰솔 숲의 보존에 빨간불이 켜진 실정이다.

• 구실잣밤나무 *Castanopsis cuspidata var. sieboldii*

분류학적 위치와 형태적 특징

참나무과에 속하는 상록교목으로 높이 15m, 지름이 1m까지 자라며 잎은 피침형으로 길이 7~12cm로 파도 모양의 톱니가 있다. 꽃은 일가화로 6월에 피며 열매는 이듬해 1월에 익는다.

분포와 생태적 특성

제주도와 남쪽 섬에서 자라며 우리나라 외에 일본에도 분포한다. 우리나라 난대 기후대의 대표적인 상록교목 중 하나로 산지 척박한 곳에서도 잘 자란다. 자생지에서는 대개 독립수로 자라기보다는 군락을 이루어 수림을 형성하고 있으며 음수에 가까워 가지가 밀생하고 잎이 무성하기 때문에 수림 아래는 광량이 부족하여 다른 수종이 침입하기 어렵다.

민속적·문화적 가치

목재는 선박재, 기구재, 건축재로 이용되며 땔감으로도 중요한 역할을 해 왔다. 수피는 바닷가 주민들이 어망을 염색하는 데 이용하며 열매는 먹을 수 있어 구황식물로도 무척 요긴한 나무였다.

• 굴참나무 *Quercus variabilis*

분류학적 위치와 형태적 특징

참나무과에 속하는 낙엽교목으로 높이 25m, 지름 1m에 달한다. 수피는 두꺼운 코르크가 발달하고 작은 가지는 회갈색이고 털이 없다. 잎은 난상 피침형으로 길이 8~15cm에 표면은 녹색이며 뒷면은 회백색이다. 견과는 구형으로 길이가 1.5cm이며 9~10월에 익는다.

분포와 생태적 특성

우리나라 중부 이남의 산지에 자생하며 우리나라 외에 중국, 대만, 일본에도 분포한다. 전형적인 온대 수종으로 강한 양수로 토질을 가리지 않고 잘 자란다. 뿌리가 깊이 뻗으므로 건조하고 척박한 토양에서도 아주 잘 견디며 또 수피가 두꺼워 산불에 대한 저항력도 강하다.

민속적·문화적 가치

굴참나무의 열매인 도토리는 묵을 만드는 원료로 이용되어 식량이 부족한 주민들이 허기를 면하는 데 큰 역할을 해 왔다. 특히 가뭄이 들어도 굴참나무는 열매를 잘 맺으므로 가뭄으로 인한 흉년이 들었을 때 사람들이 연명하는 데 없어서는 안 될 중요한 먹거리를 제공해 왔다. 수피는 코르크가 잘 발달하는데 잘 썩지 않아 산골에서는 굴참나무의 코르크를 벗긴 것을 굴피라 하여 지붕의 재료나 울타리로 사용하기도 했다. 코르크는 죽은 조직이므로 벗겨 내어도 나무의 생존과 생육에는 영향이 없다. 다른 참나무 종류와 함께 신탄재로도 많이 이용해 왔는데 나무가 결이 곧아 잘 쪼개지며 화력이 좋고 숯은 단단하여 신탄재로는 최고라 할 수 있다. 또 표고버섯을 재배하는 골목으로도 이용해 왔다. 우리 산지에 흔한 굴참나무는 이렇듯 우리 민족의 삶에 많은 도움을 줘 온 참으로 고맙고 소중한 나무이다.

• 금목서 *Osmanthus fragrans var. aurantiacus*

분류학적 위치와 형태적 특징

물푸레나무과에 속하는 상록수로 키가 5~6m까지 자라는 소교목 또는 관목이다. 잎은 마주 나며 길이 7~12cm, 폭은 2.5~5cm 정도이며 털이 없다. 꽃은 10월에 잎겨드랑이에서 직경 5mm 정도의 작은 등황색 꽃이 모여 피는데 향기가 무척 좋고 강하다. 열매는 핵과로 길이 1~1.5cm의 타원형이며 이듬해 늦봄에 흑색으로 익는데 국내에 심겨진 나무는 대개 수나무라 결실하는 경우를 보기 어렵다.

분포와 생태적 특성

중국 원산의 난대 수종으로 우리나라에는 1919~1945년 사이에 도입됐다고 한다. 추위에 약한 난대 수종으로 남부 지방 각지에 식재되고 있으며 추운 곳에서는 화분에 심어 재배하기도 한다.

민속적·문화적 가치

중국 원산으로 우리나라에 도입된 지 오래되지 않았고 또 난대 수종으로 식재가 남부 지방에 국한된다. 따라서 널리 보급되지 못해 대체로 비교적 생소한 수종이라 할 수 있다.

• 느티나무 *Zelkova serrata*

분류학적 위치와 형태적 특징

느릅나무과에 속하는 낙엽교목으로 높이 20~30m, 줄기 직경은 3m 정도까지 자란다. 수피는 갈색이 나는 회흑색으로 오래되면 불규칙적으로 껍질이 벗겨진다. 잎은 어긋나며 길이 2~13cm, 너비 1~5cm 정도이다. 단풍은 개체에 따라 황갈색, 황색, 홍색, 홍갈색 등으로 다양하게 물들며 매우 아름답다.

분포와 생태적 특성

북한 지역인 평안도까지 자생하지만 경상도와 전라도 및 충청도 등의 남부 지방이 주 분포지로 북쪽으로 갈수록 그 수는 현저히 줄어든다. 추위가 심한 강원도 지역에서는 겨울에 흔히 동해를 입으므로 자생하는 느티나무를 거의 볼 수 없다. 우리나라 외에 중국과 만주, 일본에도 분포한다.

민속적·문화적 가치

예부터 마을의 정자나무, 방풍수, 녹음수 등으로 많이 심어온 데다 나무의 수명이 길어 정자나무로 가장 많이 남아 있는 수종이기도 하다. 동구 밖이나 마을 정자 터에 우람하게 서 있는 느티나무는 마을의 상징이 되고 마을의 지킴이 및 휴식처가 되어 왔기에 우리 민족에게 가장 친근하고 정감이 가는 나무 중의 하나로 자리 잡게 됐다. 목재는 매우 단단한 데다 치밀하고 나뭇결이 아름다워 반닫이, 장롱 등의 전통 가구를 만드는 고급 가구재로 사용되어 왔다. 느티나무로 만든 전통 가구는 오동나무나 소나무 등으로 만든 가구에 비해 훨씬 고급으로 치며 특히 느티나무의 뿌리 부분을 캐내어 켜서 만든 목재는 무늬가 마치 구불구불한 것이 용처럼 보인다 하여 용목이라고도 부르며 느티나무 중에서도 최상으로 친다.

• 동백 *Camellia japonica*

분류학적 위치와 형태적 특징

차나무과에 속하는 상록소교목으로 높이 8m, 직경 50cm까지 자란다. 잎은 난상 타원형으로 가죽질이고 길이 6~12cm, 너비 3~7cm이며 가장자리에는 파도 모양의 톱니가 있다. 꽃은 홍색으로 3~4월에 피는데 매우 아름답다. 열매는 삭과로 공 모양이고 지름 3~4cm로 9월에 익는다.

분포와 생태적 특성

난대 수종이므로 우리나라 남부 해안 지방과 섬, 울릉도, 제주도 등의 바닷가에 자생한다. 우리나라에서의 위도상 북한계는 대청도이지만 내륙에서는 경남과 전남을 벗어나지 못한다. 우리나라 외에 중국의 산동성, 운남성 등에도 자생하며 일본 각지에 분포하는데 동아시아 난대 수림의 대표종 중의 하나이다.

민속적·문화적 가치

우리나라에서는 강희안의 『양화소록』(이병훈, 1973)에 동백의 재배에 관한 기록이 있어 오래전부터 재배되어 온 것으로 보고 있다. 우리나라 각지에는 천연기념물로 지정된 동백림이 있는데, 전남 완도 죽청리 동백나무 숲45호, 경기도 옹진군 대청도 동백나무 자생지66호, 전남 강진 백련사의 동백림151호, 충남 서천 마량리 동백나무 숲169호, 전북 고창 삼인리의 동백나무 숲184호, 경남 거제 학동의 동백림233호 등이 대표적이다. 이처럼 적지 않은 동백 숲이 천연기념물로 지정될 정도로 보존된 것은 곳곳에서 보호와 애호를 받았음을 보여 주는 증거라 할 것이다. 열매는 새들이 거의 먹지 못하며 종자에서 짠 기름은 불건

성유로 화장품이나 공업용으로 이용된다. 예전부터 동백기름은 피마자기름과 함께 여성들의 머릿결을 윤기 있게 가꾸어 주는 머릿기름으로 많이 이용되어 왔다.

중국에서는 고래로부터 동백을 상서로운 나무로 생각했으며 주로 부자와 귀인들의 집에서 재배했고 사원에도 식재됐다고 한다.

• 등나무 *Wistaria floribunda*

분류학적 위치와 형태적 특징

콩과에 속하는 낙엽 덩굴식물로 줄기는 회흑색으로 바로 서지 못하여 타 물체를 감고 올라간다. 잎은 난상 타원형으로 어긋나며 하나의 잎자루에 11~19개가 깃털 모양으로 달리는 기수우상복엽을 이룬다. 꽃은 5월경에 총상화서로 피는데, 화서의 길이가 30~40cm에 달할 정도로 크며 1.2~2cm 정도의 보라색 꽃이 수없이 많이 달리며 향기가 무척 좋다. 열매는 콩꼬투리 모양으로 열리며 9~10월에 익는다.

분포와 생태적 특성

우리나라 전역에 자생하며 관상수로도 많이 심는다. 자연에서 자생 상태로 자라는 경우는 극소수이며 대부분 식재한 것이다. 이는 강한 양수로 그늘진 곳에서 성장하기 어렵고 또 종자를 먹는 동물이 적어 씨가 잘 퍼지지 않기 때문일 것이다. 질소 고정을 할 수 있는 콩과식물이라 척박한 곳에서도 잘 자라므로 최근에는 도로 공사 등 절개지에서 녹화용으로 많이 이용한다.

민속적·문화적 가치

옛사람들의 병풍이나 그림에도 많이 등장하는 친숙한 식물이다. 시렁을 만들어 등나무를 심어 그늘도 이용하고 꽃을 감상하는 관상수로 많이 이용했고 줄기는 바구니 등을 엮는 재료로도 이용했다.

• 모감주나무 *Koelreuteria paniculata*

분류학적 위치와 형태적 특징

무환자나무과에 속하는 낙엽소교목으로 키는 10m 이내이다. 잎은 어긋나게 붙으며 기수우상복엽으로 소엽의 수는 7~15개이다. 잎의 가장자리는 거친 톱니 모양이고 끝은 뾰족하다. 꽃은 6~7월에 새 가지 끝에 원추화서로 피는데 화서의 길이는 20~30cm에 달하며, 짧은 소화경에 작은 황금색 꽃이 모여 핀다. 열매는 견과로 10월에 익는데 주머니 모양이고 익으면 3조각으로 벌어져 씨앗이 노출된다. 씨앗은 둥글며 직경이 7mm 정도에 검정색이다.

분포와 생태적 특성

우리나라 중부 지방의 백령도 및 황해도와 강원도 이남에 분포하는데 주로 바닷가에 자생한다. 여러 곳의 군락이 천연기념물로 지정되어 보호되고 있다. 맨 먼저 지정된 곳은 충남 태안군 안면도 승언리의 모감주나무 군락으로 1962년 천연기념물 제138호로 지정됐다. 그 후 1992년에 포항시 동해면 발산리의 모감주나무와 병아리꽃나무 군락이 천연기념물 제371호로 지정됐으며, 2001년에는 전남 완도군 군외면 대문리의 모감주나무 군락이 천연기념물 제428호로 지정됐다.

내륙에서 자생하는 나무는 거의 볼 수가 없는데 그 이유는 모감주나무의 종자가 해류를 타고 이동하여 퍼지기 때문이다. 그러나 심으면 우리나라 어디서든 잘 자란다. 강한 양수로 그늘에서는 견디지 못하지만 상당히 척박한 환경에서도 잘 적응한다. 해풍과 염분에도 강하므로 바닷가의 방풍수나 해안도로의 가로수, 해안 매립지 등의 조경수로도 적합하다.

민속적·문화적 가치

바닷가 모래밭 부근 등에 많이 자생하여 해풍과 모래가 날리는 것을 막아 주는 고마운 나무였다. 꽃이 귀한 6~7월에 새 가지 끝에 큰 원추화서로 피는 황금색 꽃이 아름답다. 꽃송이의 지름은 1cm가 채 되지 않을 정도로 작지만 많은 수의 꽃이 모여 피므로 매우 아름다우며 차례로 꽃이 피어 개화 기간이 한 달 정도 지속될 정도로 길어 관상 가치가 높다. 열매는 길이가 4~5cm 정도로 마치 파리처럼 부푼 모습으로 달리며 열매 속의 종자는 검고 단단하여 스님들의 염주를 만드는 데 사용하기도 하므로 염주나무라고도 부른다.

• 모과나무 *Chaenomeles sinensis*

분류학적 위치와 형태적 특징

장미과에 속하는 낙엽교목으로 높이 8~10m까지 자라며 수피가 불규칙적으로 탈락하여 녹색과 회록색의 얼룩무늬를 가져 아름답다. 잎은 도란형으로 양 끝이 뾰족하며 길이는 4~7cm이고 꽃은 4월 하순부터 5월 상순까지 핀다. 꽃의 직경은 2.5~3cm 정도이며 색은 연한 홍색으로 향기가 난다. 열매는 단단한 목질이며 타원형으로 직경이 8~15cm로 크며 황색으로 익는데 향기가 아주 좋다.

분포와 생태적 특성

원래 중국산으로 전국 각지에 관상용 및 과수로 재배한다. 국내에 도입된 지는 오래됐으나 산야에 야생화한 나무를 보기는 어렵다. 추위에 강하여 우리나라 전역에서 재배 및 식재가 가능하며 양지바른 곳에서 잘 자란다. 꽃에는 꿀이 많으므로 밀원식물의 역할도 한다. 큰 나무도 이식할 수 있을 정도로 이식에 잘 견딘다. 붉은별무늬병의 피해가 심하며 병에 걸리면 잎이 일찍 낙엽지고 나무가 쇠약해지므로 모과나무 노거수의 보존 관리에 가장 중요한 문제는 이 병의 예방 및 방제이다. 향나무와 노간주나무는 붉은별무늬병의 중간 숙주가 되므로 모과나무 노거수 주변에서는 이를 제거하는 것이 좋고 필요할 경우 늦봄부터 여름에 걸쳐 수차례 적당한 약제로 방제해야 한다.

민속적·문화적 가치

모과나무는 열매가 아름답고 이용 가치도 높으며 또 줄기의 수피가 아름다워 실용수 겸용의 조경수로 사랑받아 왔다. 시골 농가에 감나무, 대추나무 다음으로 많이 심겨 있는 과일나무가 모과나무다. 열매는 단단한 목질에 황금색으로 약간 불규칙적인 형태를 가지는데 향기가 좋기로 손꼽혀 차를 만들거나 술을 담그는 데 이용하기도 하고 또 실내에 두어 방향을 즐기기도 한다. 과일을 말린 것을 목과木瓜라 하며 기침, 천식, 감기 등에 약재로 이용한다. 또 열매를 썰어 꿀이나 설탕에 재워 두었다가 차로 음용하는 데 향기가 매우 좋으며 천식, 기관지염 등에도 효과가 있다. 모과나무는 목질이 단단하고 잘 썩지 않아 건축재로도 이용되는데 전남 구례군의 화엄사 구층암의 모과나무 기둥은 그 자연스럽게 굴곡진 생김새와 독특한 외양으로 유명하다.

• 메밀잣밤나무 *Castanopsis cuspidata var. thunbergii*

분류학적 위치와 형태적 특징

참나무과의 상록활엽교목으로 높이 25m, 줄기 지름 1.5m에 달하며 수관이 잘 발달하며 지엽이 많다. 잎은 어긋나고 2줄로 배열되며 넓은 피침형 또는 긴 타원형이고 혁질로 길이가 5~10cm이다. 자웅동주이고 꽃은 5~6월에 피는데 수상화서에 수꽃은 흰색으로 새 가지의 잎겨드랑이에 나고 암꽃은 녹색으로 새 가지의 아래쪽 잎겨드랑이에 달린다. 열매는 당년 가을에 성숙하는데 길이 1.5cm 내외에 원추상 난형으로 끝이 날카로운 견과이다.

분포와 생태적 특성

제주도, 전라도 및 경상도 등의 도서 지방에서 자생하며 제주도, 홍도에 특히 많이 자생한다. 내한력이 약하며 대체로 강수량이 많고 비옥한 토양에서 잘 자란다. 수관이 웅장하고 치밀하여 해안 지방의 방풍수, 방조림으로 이용 가치가 높으며 공원수, 가로수로도 이용하기 좋다. 꽃은 향기가 좋고 꿀이 많으므로 밀원식물로도 이용 가치가 있다.

민속적·문화적 가치

견과를 식용하므로 섬 지방의 구황식물로 중요한 나무였다. 화력이 좋고 나무를 베어도 맹아력이 강하므로 땔감으로도 요긴하게 이용되어 왔고 또 표고버섯을 기르는 골목으로도 이용할 수 있다.

• 무환자나무 *Sapindus mukorossi*

분류학적 위치와 형태적 특징

무환자나무과에 속하는 낙엽교목으로 키는 20m 정도까지 자란다. 잎은 어긋나게 붙으며 기수우상복엽으로 소엽의 수는 9~13개이다. 꽃은 6~7월에 새가지 끝에 원추화서로 피는데 화서의 길이는 20~30cm에 달한다. 꽃은 단성화로 크기는 지름 4~5mm 정도이다. 열매는 10월에 익는데 둥글고 지름 17~20mm 정도로 털이 없으며 황갈색으로 약간 윤채가 있고 한 개의 흑색 종자가 들어 있다. 종자는 직경이 13~15mm 정도에 둥글며 검정색이고 매우 단단하다.

분포와 생태적 특성

제주도, 전라도 및 경상도 등 남부 지방에서 볼 수 있는데 사찰에서 흔히 심으며 산야에서 자연적으로 자라는 나무는 거의 볼 수가 없다. 내한력이 약한 편이라 우리나라에서는 남부 지방에서 재배 가능하다. 꽃에는 꿀이 많으므로 여름철 밀원식물로도 이용 가치가 높다. 잎은 기수우상복엽으로 황색으로 물드는 가을 단풍도 매우 아름다워 공원수나 가로수 및 녹음수로도 이용 가능하다.

민속적·문화적 가치

열매의 껍질은 무르며 잘 익으면 다소 쭈글쭈글해지는데 이전에는 비누 대용품으로 사용했다. 종자는 검고 윤기가 나는 데다 매우 단단하여 스님들이 염주를 만드는 데 이용하므로 사찰에서 많이 심었다. 스님들은 이 무환자나무의 열매로 만든 염주를 최고로 친다고 한다. 무환자無患子나무란 이름에서 보듯이 집안에 심으면 우환이 생기지 않는다는 속설이 있어 집안에 심어 액운을 쫓는 나무로도 이용했다.

• 배롱나무 *Lagerstroemia indica*

분류학적 위치와 형태적 특징

부처꽃과에 속하는 낙엽소교목으로 줄기는 약간 구불구불하게 자라며 줄기의 수피는 매끄럽고 불규칙적으로 벗겨져 알록달록하여 매우 아름답다. 수관은 넓게 퍼져 대개 우산 모양의 수형을 이룬다. 잎은 어긋나며 도란형에 거치가 없으며 잎자루가 거의 없다.

분포와 생태적 특성

중국 남부 원산으로 알려져 있으며 우리나라에는 일찍 도입되어 우리 향토 수종과 마찬가지로 친숙하다. 영남 지방과 호남 지방에 주로 분포하며 사찰, 서원, 재실, 별서, 묘지, 촌락 부근 등에 식재되어 있다. 추위에 약하여 남부 지방에서 주로 식재하며 서울 부근이 재식북한지인데 이곳에서는 겨울철 방한이 필요하다.

민속적·문화적 가치

중국에서는 당나라 때 자미성에서 많이 재배됐기에 자미화紫薇花라는 이름이 붙었고 관청이나 궁실에서 정원수로 많이 심었다. 우리나라에 도입된 연대는 정확하지 않으나 『양화소록』에 '영남의 여러 고을과 촌락에 식재되어 있고 나무의 크기가 크다'라는 내용이 처음 나오는 것으로 보아 1449년 훨씬 이전에 도입된 것으로 보인다. 꽃이 100일간 지속적으로 핀다고 하여 흔히 백일홍나무라고도 부르며 뿌리목에서 곧게 자란 도장지를 소의 코뚜레 만드는 데 이용했으므로 지역에 따라서는 소코뚜레나무라고 부르기도 한다. 또 나무를 살살 간질이면 가지 전체가 흔들려 간지럼을 타는 것처럼 보이므로 간지럼나무라고도 불렀다. 이전에는 사찰, 재실, 사원, 분묘 등에 주로 심는 나무로 여겨 왔으며 이런 곳에서 조경수로 특히 유용하게 이용됐다.

- 비자나무 *Torreya nucifera*

분류학적 위치와 형태적 특징

주목과에 속하는 상록침엽교목으로 높이 20m 이상, 줄기의 직경은 90cm에 달한다. 잎은 길이 25mm, 너비 3mm 정도이고 단단하며 끝이 뾰족하고 우상복엽으로 2줄로 배열한다. 자웅동주 또는 이주이고 열매는 포도송이처럼 달리며 9~10월에 익는다. 열매는 익으면 과피가 터져 종자가 방출된다. 종자는 타원형이고 길이 23mm, 지름 12mm로 갈색이며 껍질은 딱딱하다.

분포와 생태적 특성

우리나라에서는 제주도와 남부 지방의 따뜻한 곳에서 자라는데 전북 내장산이 내륙 지방의 북한계선이다. 전북 백양사의 비자나무 숲은 북한계로 가치가 있어 천연기념물 제153호로 지정됐다. 그 외에도 남부 지방 곳곳에는 천연기념물로 지정되어 보호받는 비자림이 있는데 이는 아주 흔한 나무는 아니면서 대체로 인공 조림으로 조성된 숲이라는 공통점이 있다. 약용, 목재용으로 비자의 가치가 컸기 때문에 인공 조림이 꽤 있었고 또 지금까지 잘 보존되어 왔을 것이다. 상록 침엽수는 대부분 여름이 시원한 기후에 잘 적응하는데 비자나무는 난대 수종으로 추운 지방에서는 자라지 못하며 난지에서 잘 자라는 특성을 가졌다.

민속적·문화적 가치

조경적 가치도 크지만 비자나무는 실용적 가치가 매우 큰 나무로 난지에서의 조림수로도 가치가 크다. 열매는 익으면 상긋한 침엽수 향기가 강하게 나며 모양과 크기 및 색이 아몬드와 흡사한 종자가 한 알 들어 있다. 한방에서는 종자를 비자라고 하며 촌충, 요충 등의 장내 기생충을 구제하는 데 이용하며 그 외 요통, 빈뇨, 발모, 건위, 치질, 장출혈 등의 치료에도 사용한다. 종자에는 기름이 많아 기름을 짜서 식용하기도 한다. 목재는 고급 조각재, 가구재로 이용되는데, 특히 비자나무로 만든 바둑판은 최고로 친다.

천연기념물 제374호로 지정된 제주시 구좌읍의 비자림은 448,165㎡의 면적에 300~600년생 비자나무 2,878그루가 군락을 이루고 있는 경이로운 곳이다.

• 산닥나무 *Wikstroemia trichotoma*

분류학적 위치와 형태적 특징

팥꽃나무과에 속하는 낙엽관목으로 잎은 마주 나고 모양은 난형 또는 타원형이다. 길이는 1.5~5cm이고 너비는 1~3cm이며 표면은 황록색이고 뒷면은 흰색을 띤다. 꽃은 7~8월에 가지 끝의 총상화서에 7~15개 가량 달리며 연한 녹색이다. 꽃받침통의 길이는 7~8mm이다. 열매는 난상 긴 타원형으로 길이 5~6mm이고 가을에 익는다.

분포와 생태적 특성

경남 남해, 전남 진도, 경기 강화도에 자라며 일본에도 분포한다. 대부분 종이를 생산하기 위해 심은 것이며 자연 식생은 보기 어렵다. 반음지식물로 큰 나무의 성긴 그늘 아래에서 잘 자란다. 토심이 깊은 곳을 좋아하지만 배수가 나쁜 곳에서는 견디지 못한다. 성장력이 약하여 다른 관목과의 경쟁에 취약하며 사람이 지속적으로 관리해야 유지되는 편이다.

민속적·문화적 가치

수피를 고급 종이 만드는 데 이용하므로 대개 사찰 주변 등에서 인공적으로 식재하여 재배했다. 조선 시대에 사찰은 종이를 생산하는 공방 역할을 많이 수행했기 때문이다. 산닥나무로 만든 종이는 닥나무로 만든 종이보다 더 고급이라고 한다. 우리나라의 산닥나무는 조선 시대에 섬유를 이용하여 종이를 만들기 위해 일본에서 도입하여 심은 것이다.

• 생달나무 *Cinnamomum japonicum*

분류학적 위치와 형태적 특징

녹나무과에 속하는 상록활엽교목으로 높이 15m, 가슴 높이의 줄기 지름은 50cm 정도까지 자란다. 수피는 회흑색으로 매끈하며 이따금 불규칙적으로 벗겨진다. 어린 가지는 연한 황록색이고 곳곳에 피목이 있다. 잎은 마주 나지만 간혹 어긋나는 것도 있으며 톱니가 없고 길이는 6~14cm, 너비는 3~5cm이며 잎을 따서 비비면 상긋한 장뇌 냄새가 난다.

분포와 생태적 특성

제주도와 울릉도 그리고 전남북 및 경남의 도서 지방에 분포한다. 우리나라 외에 중국 중남부 지방과 대만 및 일본에 분포한다. 난대 수종으로 추위에 약하며 어릴 때는 나무 그늘을 좋아하지만 자라면 양수가 된다.

민속적·문화적 가치

바닷가의 풍치수로 이용되며 종자로부터 기름을 얻어 불을 밝히는 데 이용했다. 목재는 기구재로 이용된다.

• 상수리나무 *Quercus acutissima*

분류학적 위치와 형태적 특징

참나무과에 속하는 낙엽교목으로 높이 20~25m, 지름 1m에 달한다. 수피는 세로로 가늘게 골이 지며 작은 가지는 흑회색이다. 잎은 긴 타원상피침형으로 길이 10~20cm에 잎자루의 길이는 1~3cm이다. 견과는 구형으로 길이 2cm이며 10월에 익는다.

분포와 생태적 특성

평안도 및 함경남도 이남의 산지에 자생하며 척박한 토양에서 잘 견디며 산불에도 강하다. 도토리는 멧돼지, 너구리, 다람쥐, 들쥐, 청설모 등의 중요한 먹이가 되며 조류로는 어치가 참나무의 도토리를 즐겨 먹는다. 뿌리가 깊게 벋어 건조와 바람에 아주 강하며 우리나라 산지의 중요한 삼림 자원이 된다.

민속적·문화적 가치

상수리나무란 이름은 임금님의 수라에 사용된 나무란 말이 있을 정도로 도토리는 먹을 게 귀하던 시절에 우리 조상들의 중요한 먹거리로 기여해 왔다. 상수리나무의 도토리는 탄닌을 많이 포함하고 있어 그대로는 먹지 못하고 묵을 쑤어서 먹는데 흉년이 들 때는 기근을 이기는 중요한 구황식품이 됐다. 또 나무의 가장 중요한 용처가 땔감이었던 시기에 상수리나무는 땔감으로도 중요한 기능을 해 왔다. 참나무속*Quercus*의 나무를 통틀어 참나무라 부르는데 나무 중의 진정한 나무란 뜻이니 아마도 땔감으로 화력이 좋고 또 결이 곧아 장작을 패기도 좋았기 때문에 붙은 이름일 것이다. 상수리나무는 또한 표고버섯을 재배하는 골목으로도 이용된다.

• 소나무 *Pinus densiflora*

분류학적 위치와 형태적 특징

소나무과의 상록침엽교목으로 높이 20~30m까지 자라며 나무 윗부분의 줄기색은 적갈색이고 오래된 아랫부분의 줄기색은 암갈색이다. 잎은 길이 7~12cm로 곰솔의 잎보다는 짧고 가늘다. 자웅동주로 꽃은 4월에 피는데 수꽃이삭은 새순의 기부에 군생하며 모양은 원주형이고 노란색의 화분을 무수히 간직하고 있다. 암꽃이삭은 새순의 끝에 2~3개가 달리는데 달걀 모양이고 자색이다.

분포와 생태적 특성

소나무는 우리나라 자생 수목 중에서 가장 넓은 분포 지역을 보인다. 남쪽으로는 제주도 서귀포 앞바다에 있는 섶섬에서 북쪽으로는 함경도와 백두산에 이르기까지 한반도 전역과 부속 도서에 분포한다.

볕바른 곳에서 자라는 양수로 다른 나무가 자라기 어려운 척박하고 메마른 곳에서도 자랄 수 있다. 성장이 보다 빠른 활엽수와 경쟁해야 하는 계곡 주변이나 산록에서보다는 산의 능선을 따라 분포하는 양상을 보인다. 활엽수 그늘에서는 자랄 수 없기 때문에 자연 활엽수가 자라기 어려운 메마른 환경에서 자란다.

민속적·문화적 가치

소나무는 사철 푸른 잎을 뽐내므로 옛 선비들이 고고한 절개의 상징으로 여겨 숭상했고 그림과 시 등에 수없이 등장한다. 우리나라 전역에 걸쳐 고루 분포하므로 우리나라 산야의 대표 수종이며 우리 민족의 상징과도 같은 존재가 소나무이다. 애국가 구절에도 남산 위의 소나무가 등장함은 이런 정서가 반영된 것이라 볼 수 있다. 집안에 아기를 낳은 산모가 있거나 소가 송아지를 낳는 등의 일이 있을 때에는 대문 앞에 금줄을 치고 대문 양 옆에는 솔가지를 꽂아 부정한 사람의 출입을 금했다. 이는 소나무가 상서로움과 청정함을 의미하는 것으로 받아들여진다.

소나무는 우리 민족의 정서 및 정신적인 면뿐만 아니라 실용적인 면에서도 더없이 중요한 나무였다. 갈색의 겉껍질을 제거하고 벗겨낸 속껍질을 송피 또는 송구라 하여 쌀과 함께 송피떡을 만들어 먹는 등 식용했으며 특히 기근이 들면 중요한 구황식품으로 이용했다. 솔잎도 다양한 방법으로 식용했는데 솔잎에는 비타민, 전분, 철분, 망간 등이 함유되어 있다고 한다. 솔잎이나 어린 순을 따서 설탕이나 꿀에 재워 두었다가 건강 음료로 이용하기도 했다. 송순주는 소나무의 여린 순을 따서 술을 담근 것으로 솔향이 배어 맛이 아주 좋으며 또 어린 솔방울을 따서 담근 술은 송과주라 했다. 소나무의 꽃가루를 송화松花 또는 송황松黃이라 하여 약용으로 이용했는데 독이 없고 심장과 폐를 윤택하게 하고 기를 더하게 하며 풍을 없애며 지혈을 시킨다고 했다. 송화는 식용으로도 이용했는데 꿀이나 엿과 섞어 다식을 만들어 먹었다. 송진은 약용과 공업용으로 이용했는데 우리나라의 소나무 노거수 상당수에는 일제 강점기 때 송진 채취를 강요당한 생채기가 지금까지 선명히 남아 있는 경우가 많다. 또한 소나무는 집을 짓는데 가장 많이 이용한 건축재이기도 했다. 소나무의 한 품종으로 경북 북부 지방과 강원도 등지에 자생하는 금강송은 특히 건축재로 최고로 치는데 궁궐과 사찰과 같은 격이 높은 건축물에는 대부분 이 금강송이 사용됐다. 조정에서는 질이 좋은 금강송을 보호하기 위해 봉산으로 지정하여 민간의 출입을 통제하기도 했다.

• 왕버들 *Salix glandulosa*

분류학적 위치와 형태적 특징

버드나무과에 속하며 높이 20m, 가슴 높이의 직경이 1m 이상으로 자라는 낙엽활엽대교목으로 버드나무 종류 중에서 가장 크게 자라고 또 오래 사는 나무이다. 잎은 타원형으로 길이 3~10cm 정도이고 잎끝은 뾰족하며 표면에는 털이 없고 가장자리에는 약한 톱니가 있다. 자웅이주로 꽃은 잎과 함께 4월에 핀다.

분포와 생태적 특성

왕버들은 경기도 이남에 분포하며 영남과 호남 등 남부 지방에 많다. 성장이 빠른 나무로 햇빛이 잘 들고 비옥한 땅에서 잘 자란다. 습기가 많은 땅을 좋아하고 침수에도 잘 견디므로 주로 시내나 강에 인접한 저습지와 마을 인근 등의 개활지에서 볼 수 있다.

민속적·문화적 가치

주로 시내나 강이 범람하기 쉬운 곳에 홍수를 막기 위한 용도로 많이 심었으며 나무가 수명이 길고 크게 자라므로 신목이나 당산목으로 취급되는 경우도 있다. 그늘을 이용하는 정자나무, 풍치수로도 이용했으며 땔감이나 숯을 굽는 용도로도 이용하고 목재는 나무바가지를 만드는 데 많이 썼다고 한다. 주간이 바로 서서 자라기도 하지만 구부러지고 뒤틀리며 혹이 생겨 기이한 모습을 보이는 경우가 많고 수관이 잘 발달하여 웅장한 수형을 보인다. 제방 부근, 저류지 등의 방재수防災樹 겸 조경수로 유용한 나무이다.

• 은행나무 *Ginkgo biloba*

분류학적 위치와 형태적 특징

은행나무는 지구상에 1과 1속 1종만이 존재하는 나무로, 은행나무과의 식물로는 오직 은행나무밖에 없다. 높이가 30m까지 자라는 활엽대교목으로 줄기의 직경도 2~3m 정도까지 자란다. 잎은 부채 모양이며 넓으나 평행맥을 가지므로 침엽수이다. 자웅이주로 열매는 10월에 익는데 공 모양이다. 외종피는 황색으로 다육질이며 악취가 강하고 내종피는 백색이며 단단하고 2줄 또는 3줄의 능선이 발달한다.

분포와 생태적 특성

우리나라 전역의 마을 부근이나 사찰, 향교, 재실, 서원, 별서 등에 식재되어 있다. 자연 상태로 야생하는 나무는 거의 없으며 대부분이 사람에 의해 식재된 것이다. 은행나무 열매는 독성이 있는 과육을 가지며 종자 또한 독성이 있어 은행 종자를 먹는 동물이 거의 없다는 점이 은행의 야생화를 막는 주요 요인이 된다.

추위에 강하여 우리나라 전역에서 식재가 가능하다. 양수로 햇볕이 잘 쬐는 기름진 땅에서 잘 자라며 성장 속도는 매우 빠른 편이다. 은행나무는 가지와 잎이 무성하고 나무가 크게 자라므로 녹음수 및 정자나무로 많이 이용된다. 또한 병해충의 발생이 없고 대기 오염에 견디는 힘이 아주 강하므로 도시의 가로수로 적합한 나무로 꼽힌다.

민속적·문화적 가치

은행나무는 지구상에 출현한 지 가장 오래된 식물의 하나로 지질학적으로 중생대의 이첩기, 삼첩기 무렵 출현하여 쥐라기에 번성했다. 은행나무 화석은 서부 아메리카, 캐나다, 알래스카, 그린랜드, 시베리아, 영국, 호주, 극동 아시아 등지에 걸쳐 널리 발견된다. 극지방에 가까운 곳을 포함하여 남·북반구에 걸쳐 널리 분포했던 것이다. 쥐라기에는 전 세계적으로 번성했으나 신생대 제3기에 닥친 빙하기 때 대부분 지역에서는 절멸했고 빙하 시대에도 기후가 온난했던 중국에서만 살아남았다. 우리나라에 은행나무가 들어온 것은 삼국 시대로 불교의 전래와 비슷한 시기에 도입된 것으로 보고 있다.

우리나라 각지의 향교에는 예외 없이 은행나무 노거수가 있는데, 이는 공자가 나지막한 단을 쌓고 주위에 은행나무를 심어 제자를 가르친 행단杏亶에서 유래된 것이다. 또한 재실, 사찰 등에도 노거수가 많이 있는데 가장 유명한 것으로는 경기도 양평 용문사의 은행나무이다. 이 은행나무에는 신라 말 마의태자가 심었다는 전설이 전한다. 높이가 무려 62m에 달하고 수령은 천년이 넘은 것으로 전하며 천연기념물 제30호로 지정됐다.

그 외에도 은행나무 노거수는 매우 많아 천연기념물로 지정된 것만 해도 20주 가까이 되며 각 지방의 보호수로 지정된 노거수도 부지기수다. 이는 은행나무가 수명이 긴 나무인 데다 은행을 이용할 수 있어 사람들이 적극적으로 보호했기 때문일 것이다. 종자를 식용으로 이용하지만 독성이 있으므로 많이 먹으면 위험하며 성인 기준으로 하루 10~15알 이내로 먹는 것이 안전하다. 한방에서는 종자를 은행 또는 백과라고 하여 천식, 빈뇨 등의 치료에 사용한다. 또 은행잎에는 징콜라이드, 진놀 등의 성분이 있어 이를 추출하여 말초혈관 장애 개선, 노인성 치매 등의 치료제로 이용하고 있다. 목재는 가구재, 공예재, 조각재 등으로 이용하며 특히 소반小盤과 죽은 이를 위한 관을 만드는 데 많이 사용한다.

• 음나무 *Kalopanax pictus*

분류학적 위치와 형태적 특징

두릅나무과에 속하는 낙엽교목으로 높이가 20~25m 정도로 크게 자라며 줄기와 가지에는 강한 가시가 많이 붙어 있다. 잎은 어긋나며 손바닥 모양으로 5~9갈래로 갈라지며 잎자루가 10~30cm 정도로 길다. 꽃은 7~8월에 새 가지 끝에 우산 모양의 꽃차례로 피는데 꽃대 길이는 3~5cm 정도이고 거의 흰색에 가까운 연한 황록색이다. 열매는 둥글며 9월에 검은색으로 익는다.

분포와 생태적 특성

제주도에서 함경도까지 한반도 전역에 걸쳐 분포하지만 중부 지방에 흔하다. 산지의 숲속에서 자라며 새순을 나물로 이용하고 가지를 약용으로 이용하므로 흔히 민가 주변에 심어 재배한다. 햇빛을 좋아하는 양수로 토질은 크게 가리지 않으며 척박한 곳에서도 비교적 견디는 편이다.

민속적·문화적 가치

어린 순을 데쳐서 초고추장에 찍어 먹거나 나물로 무쳐 먹는데 맛이 아주 좋아 고급 나물로 사랑받아 왔다. 또 가지의 껍질을 벗겨 말린 것을 해동피海桐皮라 하여 한약재로 이용하는데 치풍治風, 구풍산제驅風散劑, 치담治痰 등에 사용한다. 음나무의 가지를 넣어 끓여 낸 물에 삼계탕을 끓이면 맛이 좋고 중풍을 막는다고 하여 예전부터 즐겨 이용했다. 음나무는 가지에 강한 가시가 있어 액운과 사귀邪鬼를 막아 준다고 생각하여 대문 옆에 심거나 가지를 잘라 대문이나 안방 등의 문 위에 걸어 두기도 했다.

• 이팝나무 *Chionanthus retusus*

분류학적 위치와 형태적 특징

물푸레나무과에 속하는 낙엽교목으로 높이가 20~30m까지 자라며 수피는 세로로 째져 거칠고 코르크질이 발달한다. 어린 가지는 수피가 종잇장처럼 벗겨진다. 잎은 마주 붙어 나고 잎의 길이는 5~15cm 정도에 가장자리에는 톱니가 없다. 암수딴그루이며 꽃은 4월에 피는데 소형으로 길이가 1.5~2cm이고 얕게 네 갈래지며 화관은 백색이다. 열매는 핵과로 육질이며 약간 길쭉한 공 모양이고 흑색이다. 종자는 끝이 뾰족한 타원체이며 주름이 있다.

분포와 생태적 특성

제주도, 경상도, 전라도 등 남부 지방에 주로 분포하는데 대개 마을숲이나 서원, 재실, 사당 등에 식재되어 있으며 산야에서 자생하는 나무는 드물다.

추위에 강하여 우리나라 전역에서 재배가 가능하고 볕바른 곳을 좋아하는 양수로 토질은 크게 가리지 않으며 척박한 곳에서도 잘 적응하는 편이다.

민속적·문화적 가치

이팝나무는 수명이 길고 수형이 웅장하게 자라는 데다 사람들이 잘 보호하여 천연기념물로 지정된 노거수도 많아 전국적으로 8건이 천연기념물로 지정됐다.

4월에 흰색 꽃이 눈이 내린 듯 피어 매우 화사하고 아름다운데 옛날 농부들은 동구 밖에 있는 이팝나무의 꽃 피는 모습을 보고 그해 농사의 풍흉을 점쳤다고 한다. 즉, 꽃이 고르게 많이 피면 풍년이 든다는 것이다. 하얀 꽃이 마치 흰쌀밥 같으므로 이밥나무(쌀밥나무)라 부르던 것이 이팝나무로 전음됐다고 한다. 따라서 각지의 이팝나무 노거수엔 배고픈 시절 쌀밥이나 먹을 것과 관련된 여러 전설이 얽혀 있기도 하다. 이팝나무가 자연에서는 발견하기 무척 어려운 나무인데 마을숲이나 마을 인근에서 노거수로 많이 발견된다는 점에서 풍년과 쌀밥에 대한 기대로 이팝나무를 보호한 것이라 추측할 수 있다. 이는 대부분의 이팝나무가 일부러 심어 가꾼 것이라는 증거이다. 이팝나무는 우리 민족의 정서에 깊이 자리 잡은 경외와 바람의 나무이기도 했다.

• 전나무(젓나무) *Abies holophylla*

분류학적 위치와 형태적 특징

소나무과에 속하는 상록침엽교목으로 높이 30~50m, 직경 1~2m까지 자란다. 잎은 선형으로 길이 4cm, 너비 2mm 정도이며 끝이 뾰족하고 뒷면에는 백색의 기공선이 있다. 어린 가지는 황갈색이며 수피는 흑색이다. 구과는 10월 상순에 익는데 원통형이고 길이는 10~12cm, 지름은 3.5cm이고 과경의 길이는 7mm이다.

분포와 생태적 특성

전국의 높은 산에 자생하며 한국 고유 수종이다. 중부와 남부 지방에서는 해발 700~800m 이상에서 자라며 북부 고산 지대에서는 해발 1,000m 지대가 주 분포지가 된다.

높은 산에 자생하지만 저지에 심어도 잘 적응한다. 음수로 나무 그늘에서도 잘 자라며 수간이 하늘을 찌를 듯이 곧게 자란다. 어릴 때는 성장이 무척 느리다가 어느 정도 자라면 성장이 빨라진다.

민속적·문화적 가치

전국의 높은 산에 자생하므로 사람의 삶과는 많이 엮이지 않았지만 수형이 독특하고 수간이 곧게 자라 조경수로 이용했다. 전북 부안군 내소사의 전나무길이 유명한데, 전부 인공으로 심은 것이다. 목재는 건축재, 가구재, 펄프재로 이용하는데 이전엔 나무절구와 매통을 만드는 데 많이 썼다고 한다.

• 차나무 *Camellia sinensis*

분류학적 위치와 형태적 특징

차나무과에 속하는 상록 관목으로 높이 2~3m 정도로 자라며 대개 뿌리목으로부터 가지가 빽빽이 난다. 잎은 어긋매껴 나고 길이는 2.5~5cm, 폭은 2~3cm 정도이다. 꽃은 잎겨드랑이에 1~3개가 달리는데 아래로 향하여 피며 향기가 난다. 꽃의 직경은 2.5cm 내외이며 9월부터 11월까지 핀다. 열매는 둥글며 꽃이 핀 이듬해 10월 말부터 11월경에 익는다. 하나의 열매에는 1~3개의 새까만 종자가 들어 있다.

분포와 생태적 특성

전라도와 경상도, 제주도 등 남부 지방에서 나는데 오래된 차밭 대부분은 절 경내나 인근에 있다. 지리산 쌍계사와 화엄사, 전남 해남군 대흥사(대둔사), 경남 사천시 다솔사, 장성군 백양사의 차밭 등이 유명하다. 절에서 관리하는 차밭 외에도 경남 하동군, 전남 보성군, 제주도 등 남부 지방 곳곳에 재배하는 다원이 있다.

차나무는 온난한 기후에 자라는 난대성 식물이므로 중부 지방에서는 재배 및 식재가 어렵다. 온난 습윤한 기후를 좋아하므로 경남, 전남, 제주도 등지의 해안 지방이 재배 적지라 할 수 있다.

민속적·문화적 가치

차를 마시는 풍속은 중국, 한국, 일본 등에서 유행했으며, 달단, 페르샤 등에도 차를 마시는 풍습이 있었다고 한다. 『동국여지승람』에 의하면 신라 흥덕왕 때 대렴이 당나라에서 차나무 종자를 가져와 지리산에 심었다는 기록이 있다. 우리나라에서는 주로 사찰에서 스님들을 중심으로 차를 마시는 풍습이 있었으며 민간에서 차를 마시는 일은 극히 제한적인 소수의 사람들에게 국한됐다. 따라서 중국에서처럼 다양한 제다 방법과 차 문화가 성행하지는 못했지만 나름대로 지역과 사찰에 따라 조금씩 다른 차 문화가 형성됐다. 1980년대엔 건강과 여유를 가지려는 사람들에게 꽤 널리 차 문화가 보급되기도 했으나 최근 들어서 커피 문화에 휩쓸려 차 문화가 쇠퇴하는 것은 아쉬운 일이라 하겠다. 차나무는 꽃이 귀한 가을에서 초겨울까지 꽃을 피워 가을 꽃나무로 가치가 크다. 열매는 이듬해 늦가을에 익어 다음 해의 꽃과 만나므로 흔히 실화상봉수 實花相逢樹라 하여 상서로운 나무로 여기기도 한다.

• 찰피나무 *Tilia mandshurica*

분류학적 위치와 형태적 특징

피나무과에 속하는 낙엽교목으로 높이 20m까지 자란다. 잎은 어긋나며 난상원형으로 끝은 뾰족하고 길이 8~15cm 정도이다. 꽃은 취산화서에 연한 노란색 꽃이 7~20송이씩 달리는데 꽃자루의 길이는 7~9cm이다. 열매는 둥글며 9~10월에 익는다.

분포와 생태적 특성

중부 이북의 산지에서 자라며 우리나라 외에 중국과 아무르, 우수리에도 난다. 한지형 나무로 중부 이북의 땅심이 깊고 수분이 유지되는 산록에서 자생하 지만 재배하면 전국 어디서든 잘 자란다.

민속적·문화적 가치

주로 깊은 산에 자라므로 사람들의 삶과 연관은 적은 나무지만 나무가 가볍고 다루기 좋아 가구재, 조각재, 나무 그릇을 만드는 데 이용된다.

• 철쭉나무 *Rhododendron schlippenbachii*

분류학적 위치 및 형태적 특징

진달래과에 속하는 낙엽관목으로 높이 1~4m까지 자란다. 잎은 가지 끝에 3~5개가 돌려나는데 잎대가 거의 없고 넓은 도란형 또는 긴 도란형이며 끝은 약간 오목하다. 꽃은 2~7송이가 달린다. 화관은 직경이 5cm 정도이고 꽃빛은 담홍색인데 상부의 화판 3개에는 적갈색의 반점이 있다.

분포와 생태적 특성

우리나라 전역에 분포하며 중국 동북 지방에도 난다. 산지에 자라는데 숲속에서도 발견되지만 능선 및 산록의 햇볕이 잘 쬐는 나지에 흔하다. 또한 산불이 발생한 곳에서 아주 일찍 복구되는 종이다. 우리나라 산야에서 쉽게 볼 수 있는 진달래과 식물로는 진달래, 산철쭉 및 철쭉나무를 들 수 있는데 철쭉은 진달래나 산철쭉보다는 드물며 보다 높은 산에서 더 쉽게 볼 수 있다. 산철쭉이 그늘진 곳과 습한 곳에서도 잘 자라는 데 비해 철쭉은 습한 곳에서는 견디지 못하며 건조하고 볕바른 곳에서 잘 자란다. 토질은 유기질이 풍부하고 배수가 잘 되는 산성 토양을 좋아하며 석회암 지대에서는 보기 어렵다.

민속적·문화적 가치

중국 동북 지방에도 난다고 하지만 거의 우리나라 고유 수종으로 볼 수 있다. 진달래는 꽃잎을 약용, 식용으로 이용하므로 참꽃이라 부르는 데 반해 철쭉과 산철쭉은 꽃잎에 독이 있어 먹지 못하므로 통틀어 개꽃이라 불렀다. 별반 도움이 되지 않는 식물로 치부된 것이다. 그러나 맹아력이 강해 베어 내도 다시 자라나는 성질이 있어 땔감으로 요긴했고 산불이 나도 빨리 회복되어 산사태를 막아 주는 역할을 했다. 우리나라에 자생하는 진달래과 식물 중에서도 꽃이 아름답기로 손꼽히므로 최근엔 조경수로서의 가치를 높게 보고 있다.

• 팔손이나무 *Fatsia japonica*

분류학적 위치 및 형태적 특징

두릅나무과에 속하는 상록관목으로 높이 2m 정도 자라며 가지는 굵다. 잎은 어긋나며 심장형이고 지름 20~40cm에 7~9개로 갈라져 손바닥 모양을 이룬다. 꽃은 11~12월에 가지 끝에 큰 원추화서로 피는데 흰색이고 지름은 5mm 정도이다. 열매는 둥글고 지름 5mm로 이듬해 5월에 검정색으로 익는다.

분포와 생태적 특성

우리나라 남해안 섬의 산기슭이나 골짜기에 주로 자라며 대표적인 자생지는 비진도, 한산도 및 거제도이다. 난대성 상록활엽수로 남해안 섬의 숲속에서 자라지만 토층이 깊은 곳에서는 양지에서도 잘 자란다.

민속적·문화적 가치

원래 팔손이나무의 이름은 손바닥 모양의 잎이 독특하게 여덟 갈래진 데서 유래됐다. 상록의 잎은 넓고 광택이 있으며 초겨울 꽃이 귀한 시기에 피는 흰 꽃과 열매도 아름답다. 식재지가 난지로 제한되므로 추운 곳에서는 화분에 심어 관엽식물로 많이 이용한다.

• 팽나무 *Celtis sinensis*

분류학적 위치와 형태적 특징

느릅나무과에 속하는 낙엽교목으로 높이 20m까지 크게 자라는 나무로 줄기의 직경도 1m 정도까지 자라는데, 수피는 어두운 회색 내지 흑색이다. 잎은 어긋나며 길이 4~12cm 정도이고 꽃은 연황색으로 피며 수꽃은 새 가지의 기부 잎겨드랑이에서 취산화서로 피며 수술은 4개이다. 암꽃은 햇가지 윗부분에 1~3개씩 달린다. 열매는 10월에 익는데 구형의 핵과로 직경 7~8mm 정도에 등황색이다.

분포와 생태적 특성

함경북도를 제외한 우리나라 전역에서 자라지만 영남과 호남 지방에 많이 나고 해안 지방에 특히 흔하다. 낮은 산지와 들에 자라며 예부터 마을의 정자나무, 마을숲, 방풍수 등으로 많이 심어 왔다. 추위에 강하여 우리나라 전역에서 재배가 가능하며, 양수이지만 어린 나무는 내음성이 강하여 그늘진 곳에서도 잘 자란다. 성장 속도는 비교적 빠른 편이다.

민속적·문화적 가치

느티나무와 함께 예부터 마을의 정자나무나 마을숲 나무로 많이 이용되어 우리에게 무척 친숙하고 정감이 가는 나무다. 시골에서 자란 사람들은 대부분 마을 정자나 동구 밖에 서 있는 거대한 팽나무에 대한 향수와 기억이 남아 있을 것이다. 지역에 따라서는 포구나무로 불리기도 한다. 열매는 달짝지근한 과육을 먹을 수 있으며 어린이들의 장난감인 팽총의 총알로 사용되기도 했다.

• 푸조나무 *Aphananthe aspera*

분류학적 위치와 형태적 특징

느릅나무과에 속하는 낙엽교목으로 높이 20m, 줄기의 직경도 1m 정도까지 자라는데, 수피는 옅은 회갈색이다. 잎은 어긋나며 길이 6~9cm 정도의 난형 또는 난상 피침형으로 표면은 거칠고 뒷면에는 흰색의 짧은 털이 있다. 꽃은 5월에 피고 열매는 구형의 핵과로 가을에 검게 익으며 직경 10~12mm이다.

분포와 생태적 특성

경기 이남에 분포하지만 주로 영남과 호남 지방에서 볼 수 있다. 수직적 분포는 해발 50~700m 범위에서 자란다.

추위에 견디므로 우리나라 대부분 지역에서 재배가 가능하다. 양수지만 어린 나무는 내음성이 강하여 그늘진 곳에서도 잘 자라며 성장 속도는 빠른 편이다.

민속적·문화적 가치

느티나무, 팽나무와 함께 예부터 마을의 정자나무나 마을숲 나무 및 당산나무로 많이 이용되어 왔다. 특히 남부 지방에 노거수가 많이 남아 있으며 마을 입구의 거대한 푸조나무는 마을의 상징이 되곤 했다. 지역에 따라서는 개팽나무 또는 개포구나무라고도 부른다.

• 향나무 *Juniperus chinensis*

분류학적 위치와 형태적 특징

측백나무과의 상록침엽교목으로 높이 15m까지 자라며 수피는 적갈색이고 세로로 찢어지며 흔히 얇게 벗겨진다. 어릴 때는 끝이 날카로운 침엽이지만 10년 이상 나이가 들면 점차 부드러운 인엽으로 바뀐다. 자웅동주 또는 이주이고 꽃은 4월에 피며 열매는 직경 5~11mm이고 이듬해 10월에 검게 익는다.

분포와 생태적 특성

주로 중부 지방에 분포하고 울릉도에 특히 많이 자란다. 양수지만 어릴 때는 음지에서도 상당히 견딘다. 우리나라에서 향나무가 가장 많이 자라는 울릉도의 자생지는 대부분 험준하고 매우 척박한 암릉 지대이다. 얼핏 척박한 곳에서 잘 자라는 나무로 생각되지만 사람이 접근할 수 있는 곳에서는 이용하기 위해 대부분 베어 내었고 접근이 어려운 지역에만 남게 되어 이러한 자생지 분포를 보이는 것이다. 원래 토심이 깊은 산록에서 잘 자라지만 산성, 알칼리성, 석회암 토양 등 다양한 토질에 대한 적응성이 무척 강한 나무로 척박한 환경에서도 잘 견디는 특성이 있다.

민속적·문화적 가치

향나무를 태울 때 나는 연기에는 향나무 특유의 향기가 나서 신에게 바치는 공물로 여겨졌다. 이전에는 사찰, 제사용 등에 쓰는 향나무를 따로 팔았고 이를 구입하여 잘게 썰어 숯을 담은 향로에서 피워 신에게 공양을 했지만 요즘은 공장에서 만든 태우는 향이 일반화되어 향나무를 직접 태우는 일은 거의 사라졌다. 가지가 이리저리 구부러지며 자라는 경우가 많아 수형이 기이하며, 또 사철 푸른 잎이 아름다워 서원, 사찰, 재실 등에서 조경수로 많이 이용됐다.

• 회화나무 *Sophora japonica*

분류학적 위치와 형태적 특징

콩과에 속하는 낙엽활엽교목으로 높이 25m 정도까지 자라는데 가지를 많이 치며 자라 웅대한 수형을 이룬다. 수피는 회흑색이고 세로로 약하게 골이 진다. 잎은 어긋나고 기수우상복엽으로 소엽의 수는 7~17개이다. 꽃은 7~8월에 가지 끝에 원추화서로 피는데 화서의 길이는 15~30cm 정도로 크며 1.3cm 내외의 미백색의 꽃이 핀다. 열매는 염주 모양이고 길이 5~8cm로 약간 육질이며 10월에 익는다.

분포와 생태적 특성

중국 원산으로 우리나라 전역에 분포한다. 산지에서 자생하는 나무는 보기 어렵고 주로 마을의 정자나무, 고가, 서원, 사당 등에 많이 식재되어 있다. 강한 양수로 우리나라 전역에서 재배가 가능하다. 토질은 가리지 않으며 척박한 곳에서도 잘 자란다. 꽃이 귀한 여름철에 꽃이 피며 향기가 좋으며 꿀이 많아 밀원식물로도 유용하다.

민속적·문화적 가치

회화나무는 옛날 선비들이 좋아하여 서원, 서당, 사대부가 등에 많이 심었기에 학자수란 별명을 갖게 됐다. 지금도 곳곳의 고가나 서원에서 노거수 회화나무를 어렵지 않게 볼 수 있다. 예부터 약용식물로 많이 이용해 왔다. 회화나무의 꽃봉오리를 따서 말린 것을 괴미槐米, 꽃을 말린 것을 괴화槐花라 하여 주로 고혈압, 뇌일혈, 중풍, 손발의 마비 등 순환기계 질병과 치질, 치루 등의 치료제로 이용하는데 괴화보다는 괴미가 약성이 강하다고 한다. 또한 열매를 말린 것을 괴각槐角 또는 괴실槐實이라 하는데, 강장, 지혈, 양혈 등의 효과가 있어 토혈, 각혈, 치질, 혈변, 혈뇨, 장염 등의 치료약으로 쓴다. 열매는 완전히 익은 뒤에 따서 햇볕에 말려 꼭지를 떼어 내어 쓴다. 덜 익은 열매를 식초에 오래 담가 두었다가 먹으면 중풍·뇌일혈·뇌출혈 등에 좋고, 토혈·혈변·월경이 멈추지 않을 때, 가슴이 답답한 증세에 특효가 있다고 한다. 회화나무의 목재는 색에 따라 백괴白槐·두청괴豆青槐·흑괴黑槐로 구분하기도 하는데 가구재로 이용하며, 잎은 사료용, 녹비용으로 이용한다.

• 후박나무 *Machilus thunbergii*

분류학적 위치 및 형태적 특징

녹나무과에 속하는 상록교목으로 잎은 도란상 타원형으로 길이 6~15cm, 너비 2~7cm 크기이다. 꽃은 5~6월에 작은 꽃들이 원추화서로 모여 피는데, 양성화이고 황록색에 꽃잎은 6장이고 길이는 6mm 정도로 아주 작다. 열매는 이듬해 7월에 흑자색으로 익는데 지름은 1~1.4 cm 정도이며 하나의 열매에는 둥근 종자가 한 알 들어 있다. 과경은 붉은 빛으로 아름답다.

분포와 생태적 특성

기후가 온난한 제주도와 울릉도 그리고 전남북 및 경남의 도서와 해안 지방에 분포한다. 난대 수종으로 추위에 약하며 우리나라에서 후박나무의 북한계는 전북 부안군 변산반도이다. 부안군 산내면 격포리의 후박나무 군락은 천연기념물 제123호로 지정됐다. 어릴 때는 음수에 가깝지만 자라면 양수가 된다. 성장이 빠르고 크게 자라는 대교목으로 바닷바람에 강하며 염해에도 견디므로 바닷가의 방풍수로 심거나 해안 매립지 등에 심기 좋으며 또한 해안 지방의 가로수로도 요즘 인기가 높다.

민속적·문화적 가치

후박이란 의미는 수피가 두껍다는 뜻인데 이 후박나무의 수피는 한약재로 이용된다. 유명한 울릉도의 호박엿은 후박나무의 수피를 달인 물로 만든 엿으로 후박엿이라고 부르던 것이 호박엿으로 변했다고 한다. 수피에서 녹나무과 특유의 방향이 나므로 가루로 내어 향료로 이용하기도 했다. 뿌리가 깊게 벋고 바람에 강하여 방풍수로 좋으므로 바닷가 마을에서 방풍수 겸 풍치수로의 가치가 매우 높은 나무이다.

• 후피향나무 *Ternstroemia japonica*

분류학적 위치와 형태적 특징

차나무과에 속하는 상록소교목으로 높이 8m, 지름 20cm에 달한다. 잎은 혁질로 긴 도란형이고 길이 3~6cm이다. 꽃은 황백색으로 잎겨드랑이에서 아래를 향해 핀다. 열매는 장과로 구형이고 지름 1.0~1.2cm로 9~10월에 홍색으로 익는다.

분포와 생태적 특성

제주도에 자생하며 우리나라에서는 남부 지방에서 조경수로 식재되고 있다.

추위에 약하여 중부 지방에서는 노지 월동이 어렵다. 토질은 너무 메마른 곳보다는 적당히 수분이 유지되는 양토를 좋아한다. 어릴 때는 음수의 성질을 가지지만 성목은 양수에 가깝다.

민속적·문화적 가치

수형이 아름답고 잎의 질감이 좋아 조경수로서 가치가 높지만 추위에 약한 난대 수종이므로 식재는 남부 지방에 국한된다. 성장이 느리고 나무가 크게 자라지 않는 편이므로 조경용 외의 다른 용도로는 거의 이용되지 않는다.

2. 경상남도의 노거수

2-1. 천연기념물 지정 노거수

경남 지역의 노거수 중 천연기념물로 지정된 것은 24건이다. 현황 설명은 문화재청에서 제공되는 자료와 현장에 세워 놓은 안내판의 설명문을 바탕으로 필자가 일부 수정·보완했으며 문화재청 자료 및 현장 자료와 상반되는 필자의 의견이나 설명, 새로운 내용 등은 덧붙이기로 따로 설명했다. 다만 실수로 보이는 오타, 잘못된 수종명 등의 명백한 오류는 덧붙이기에서 하지 않고 현황 설명에서 그대로 수정했다.

• 창원 신방리 음나무 군昌原 新方里 음나무 群

천연기념물 제164호(1964. 1. 31. 지정)
수량 4주
소재지 경남 창원시 의창구 동읍 신방리 산652
소유자 국유 및 개인
관리자 창원시

현황

음나무는 두릅나무과의 낙엽교목으로 지방에 따라서는 엄나무라고도 불리며 우리나라를 비롯해 일본, 중국, 만주, 우수리 등지에 분포한다. 봄에 연한 순을 따서 나물로 이용하며 가지를 잘라 다린 물에 삼계탕이나 닭백숙을 만들어 먹기도 한다. 가지에 날카로운 가시가 있으므로 대문 앞에 심어 두면 사귀가 들어오는 것을 막는다고 생각했고 가지를 잘라 문지방이나 대문 위에 걸어 두어 귀신을 쫒는 용도로 이용했다. 옛날에는 이 나무로 6각형의 노리개를 만들어 어린아이에게 채워 줌으로써 악귀가 근접하지 못하게 했는데, 이것을 '음'이라고 불렀다. 따라서 음나무의 어원은 '음'을 만드는 나무란 뜻에서 음나무로 부르게 됐다 한다.

신방리의 음나무 군은 신방초등학교 뒤 길가 언덕에서 네 그루가 자라고 있으며, 주변 북쪽에는 뿌리에서 돋은 듯한 장령목 음나무 12 그루가 함께 자라고 있다. 큰 나무는 높이가 15.4m 정도이며 가장 굵은 나무의 둘레는 5.4m이고 나머지 세 그루는 3.2m 정도씩이다. 나이는 약 400년 정도 된 것으로 추정된다. 약 40여 년 전까지만 해도 7그루가 있었으나 두 그루가 고사했고 1978년 태풍으로 또 한 그루가 죽어 네 그루만 남게 됐다고 한다.

신방리에서 음나무 군이 잘 보존된 이유는 언덕에 자리 잡고 있어 토양을 보전하는 역할도 했을 뿐만 아니라 마을 전체의 수호신으로 마귀를 쫓아 준다고 믿었기 때문이다.

덧붙이는 말

신방리 음나무는 마을 사람들이 신목으로 생각하기 때문에 정월 대보름에는 제사를 올리고 마을에 중요 행사가 있으면 고유를 하는 풍습이 있다고 한다. 설혹 음나무 가지가 부러져 떨어져도 땔감으로 사용하지 않는다고 한다. 이는 나무 자체를 신체神體로 보기 때문이다. 우리나라에서 노거수가 잘 보존된 가장 큰 이유는 노거수를 신령시하여 함부로 해하거나 다루지 않기 때문이며 자연을 경외하는 우리 민족의 성품과 토착 신앙이 많은 노거수를 보호해 온 원동력이 됐다고 할 수 있다.

• 김해 신천리 이팝나무金海 新泉里 이팝나무

천연기념물 제185호(1967. 7. 18. 지정)
수량 1주
소재지 경남 김해시 한림면 신천리 503
소유자 국유
관리자 김해시

현황

김해 신천리의 이팝나무는 나이가 600년 정도로 추정되며, 높이는 13.6m이다. 마을 안을 흐르는 작은 개천의 언덕에 서 있다. 가지와 잎이 풍성하고, 나무기둥 곳곳에 혹 같은 돌기가 나 있다. 한쪽 가지는 길 건너 우물을 덮고 있는데, 마을 사람들은 이 나무가 우물을 보호하고 있는 것으로 믿고 있다. 이러한 이유로 마을에서는 음력 12월 말에 정성을 다해 제사를 올리는데 지방말로 "용왕龍王 먹인다"라고 말한다. '용왕 먹이는' 일은 냇가나 샘 또는 바다 등 물이 있는 곳에서 올리는 토속 신앙 행위이다. 신천리에서는 샘에 있는 용왕신과 신목에 함께 제를 올리는 것으로 보인다.

우리나라의 크고 오래된 이팝나무에는 거의 한결같은 이야기가 전해지고 있는데, 이팝나무의 꽃이 많이 피고 적게 피는 것으로 그해 농사의 풍년과 흉년을 점칠 수 있다는 것이다. 이팝나무는 물이 많은 곳에서 잘 자라는 식물이므로 비의 양이 적당하면 꽃이 활짝 피고, 부족하면 잘 피지 못한다. 물의 양은 벼농사에도 관련되는 것으로, 오랜 경험을 통한 자연 관찰의 결과로서 이와 같은 전설이 생겼다고 본다.

덧붙이는 말

문화재청 자료의 지번(940번지)이 틀려 내비게이션에 주소를 입력해 찾으면 들 가운데 있는 수령 100년 정도의 이팝나무 다섯 그루와 팽나무 및 꾸지뽕나무가 각기 한 그루씩 있는 곳을 찾게 된다. 인터넷에도 많은 블로거들이 이곳을 잘못 찾은 경험담을 올리고 있다. 정확한 지번은 신천리 503번지이다.

• 양산 신전리 이팝나무梁山 新田里 이팝나무

천연기념물 제234호(1971. 9. 13. 지정)
수량 1주
소재지 경남 양산시 상북면 신전리 503
소유자 국유 및 개인
관리자 양산시

현황

양산 신전리 이팝나무는 나이를 약 300년으로 추정하며 높이는 16.3m, 둘레는 4.47m이다. 통도사通度寺를 지나서 양산천과 영취산에서 내려오는 계곡의 물이 합쳐지는 곳 근처의 논 가운데에 서 있다. 나무가 밑동에서부터 둘로 갈라져 있어서 마치 두 그루로 보인다. 마을 사람들은 이 나무가 마을을 보호해 주는 수호신이라고 여겨 매년 음력 1월 15일마다 제사를 올리며 한해 평안을 빌고 있다. 20여 년 전까지는 아주 건강하고 꽃도 많이 피었었는데 최근에 나무의 수세가 급격히 쇠약하여 거의 고사 지경에 이르렀으며 꽃도 제대로 피우지 못하고 있다.

내력

신전1리 마을은 약 300여 년 전 수원김씨가 입향하여 마을이 형성됐는데 이팝나무는 그때를 전후하여 심은 것으로 본다. 마을 사람들은 이 이팝나무를 당산목으로 여겨 매년 정월 대보름이면 한 해의 풍년과 마을의 안녕을 비는 당산제를 올린다. 당산제는 마을 사람 중에서 궂은 일이 없고 덕망 있는 사람을 제관으로 뽑아 정월 대보름 새벽 6시에 제를 지내는데 오늘날까지 이어지고 있다.

• 사천 성내리 비자나무泗川 城內里 비자나무

천연기념물 제287호(1962. 11. 9. 지정)
수량 1주
소재지 경남 사천시 곤양면 성내리 194-9 외 3필지
소유자 사천시
관리자 사천시

현황

비자나무는 우리나라 내장산 이남과 일본에서 자란다. 나무의 모양이 아름다워 관상용으로 많이 이용되며, 열매는 구충제 및 변비 치료제나 기름을 짜는 데 쓰인다.

사천 성내리의 비자나무는 나이가 300년 정도 된 것으로 추정되며, 높이 19m, 둘레 3.85m로 가지는 사방으로 뻗어 있다. 조선 시대 곤양현 청사의 정문 앞에 위치했던 것으로 전해지며 지금은 곤양면사무소 앞에 자리하고 있다. 본래 암나무로 알려져 왔으나 최근 일부 가지에 수꽃이 달린다고 하니 암수한 그루인 개체로 판단된다. 약 10m쯤 떨어진 곳에 천연기념물로 지정된 나무보다는 작지만 수나무 한 그루가 더 있다.

덧붙이는 말

대부분의 책자에서 비자나무를 암수딴그루라 설명하고 있는데 비자나무는 암수한그루인 경우도 종종 있다. 문화재청 자료에는 '성내리 비자나무는 암나무인데 일부 가지에서 수꽃이 피기도 한다'라고 설명했는데 이는 이전 조사 연구자들이 비자나무는 당연히 암수딴그루이므로 열매가 열리는 것을 보고 암나무라고 잘못 판단했던 것으로 보인다. 성내리 비자나무는 암수한그루인 것으로 추측되므로 수꽃이 함께 피는 것도 기이한 일이 아니고 자연스런 현상이라고 볼 수 있다.

• 합천 화양리 소나무陜川 華陽里 소나무

천연기념물 제289호(1982. 11. 9. 지정)
수량 1주
소재지 경남 합천군 묘산면 화양리 835 외 1필
소유자 국유 및 개인
관리자 합천군

현황

합천 화양리 소나무는 해발 400m 정도 되는 곳에 위치한 화양리 나곡마을 바로 앞의 들 가운데 서 있다. 소재지인 화양리는 전형적인 산골마을로 해발 1134m인 오도산과 1038m인 두무산 줄기의 동쪽 끝자락에 있다. 소나무의 나이는 500년 정도로 추정된다. 높이 17.7m, 둘레 6.15m의 크기로 가지는 2.5~3.3m 높이에서 갈라져 다시 아래로 처지듯 발달했는데 그 모습이 매우 독특하고 아름답다. 나무껍질이 거북이 등처럼 갈라져 있고 가지가 용처럼 생겼다 하여 구룡목龜龍木이라고도 한다.

전하는 이야기

연안김씨의 후손들이 전하는 바에 의하면 광해군 5년1613에 연흥부원군 김제남이 영창대군을 왕으로 추대하려 한다는 모함을 받고 역적으로 몰려 3족이 멸하게 되자 김제남의 6촌 동생인 김규가 도망 와서 이 나무 밑에 초가를 짓고 살았다고 한다.

마을 사람들은 이 소나무를 신령스런 힘을 가진 영목으로 알고 있으며 사람의 소원을 들어주기도 한다고 믿고 있다. 한국 전쟁 때는 이 나곡마을에서도 여러 명의 장정이 징집되어 참전했는데 이들은 모두 소나무에 무운을 빌고 입대했다. 이들은 전쟁이 끝날 때까지 단 한 명의 전사자나 부상자도 없이 모두 무사히 돌아왔는데 이는 모두 소나무가 지켜 주었기 때문이라고 믿게 됐다. 2000년대에 마을 인근에서 큰 산불이 나서 소방차 여러 대가 출동했지만 불길을 잡을 수 없어 소나무와 마을까지 위험에 빠졌는데 갑자기 바람의 방향이 바뀌어 소나무와 마을 모두 화마를 면할 수 있었던 것도 마을 사람들은 소나무의 영험 때문으로 믿고 있다. 소나무의 영험을 듣고 멀리서 치성 드리러 오는 사람도 있다고 한다.

덧붙이는 말

소나무가 위치하는 나곡마을은 해발 400m 정도의 산골마을이며 소나무는 해발 390m 정도의 마을 아래 들 가운데 있어 해발 500m 지점에 위치한다는 문화재청 자료와는 실제 상당한 차이가 있다. 근년에 이 소나무가 너무 메마른 곳에 있다고 마을 사람들이 부근의 물길을 돌려 소나무 부근으로 물길이 흐르게 했다고 하는데 이런 일은 자칫 소나무에게 해가 되기 쉽다. 소나무의 가장 높은 가지가 최근에 말라죽어 아름다운 수형이 이지러졌는데 물길을 돌린 것이 원인은 아닌지 의심된다. 소나무는 건조에 무척 강하여 주로 산의 능선에 자라는데 들에 있으니 아무리 가뭄이 심하다고 해도 가뭄의 피해를 입지 않을 그런 입지에 있다. 이렇게 노거수를 보호한다고 주민들이 노거수 인근에 흙으로 복토를 하거나 물길을 돌리는 행위를 하는 것은 수백 년 동안 적응해 온 나무의 환경을 급격하게 변화시켜 자칫 나무를 고사시킬 수 있으므로 절대 자제해야 한다. 연전에 부여 내산면 주암리 은행나무를 찾았다가 천년 노거수가 고사 위기에 처한 이유를 알아봤더니 마을 사람들이 은행나무를 보호한다고 오랜 세월에 노출된 뿌리를 덮어 주기 위해 심하게 복토를 한 이후 은행나무가 시름시름 쇠약해지기 시작했다고 한다. 뿌리가 오래 동안 지상에 노출되어 있으면 줄기와 비슷한 역할과 기능을 하게 되는데 갑자기 흙을 덮어버리면 뿌리가 호흡을 못하고 죽게 되어 결국 나무 전체가 쇠약해지거나 고사에 이를 수도 있다. 노거수에 대한 관심과 애정은 좋지만 환경을 바꾸는 일은 절대 피해야 하며 전문가에게 세심한 자문과 의견을 구한 후에 실시해야 할 것이다.

• 남해 창선도 왕후박나무南海 昌善島 왕후박나무

천연기념물 제299호(1982. 11. 9. 지정)
수량 1주
소재지 경남 남해군 창선면 대벽리 669-1 외 8필
소유자 남해군 외
관리자 남해군

현황

후박나무는 녹나무과에 속하며 제주도와 울릉도 등 따뜻한 남쪽 섬 지방에서 자라는 나무로 일본, 대만 및 중국 남쪽에도 분포하고 있다. 주로 해안을 따라 자라며 껍질과 열매는 약재로 쓰인다. 나무가 웅장한 맛을 주고 아름다워서 정원수, 공원수 등에 이용되고 바람을 막기 위한 방풍용으로도 심어지고 있다.

마을 앞 농경지 안에서 자라고 있는 남해 창선도의 왕후박나무는 나이가 500년 정도로 추정되며 높이는 8.6m로 가지는 밑에서 11개로 갈라져 있다.

유래와 전설

전하는 이야기에 의하면 약 500년 전 이 마을에서 고기잡이를 하는 노부부가 어느 날 큰 물고기를 잡았다. 마음씨 착한 노부부는 마을 사람들과 나누어 먹기로 하고 마을 사람들이 모인 자리에서 물고기의 배를 갈랐는데 뱃속에서 이상한 씨앗이 하나 나왔다. 마을 사람들은 이를 용왕이 보낸 선물이라 여겨 양지바른 땅에 심어 키우기로 했다. 씨앗에서 싹이 트고 나무가 무럭무럭 자라 왕후박나무는 마을의 상징처럼 됐고 마을 사람들은 이 나무가 고기잡이하는 어부를 지켜 주는 나무라고 생각하게 됐다. 마을 사람들은 마을의 평안과 풍어와 안전한 고기잡이를 비는 제사를 해마다 음력 3월 10일에 이 왕후박나무에게 지낸다고 하는데 이 나무에 지내는 제사가 곧 용왕께 지내는 제사라고 생각하고 있다.

한편 정유재란 때에는 이순신 장군이 노량해전을 벌이면서 왕후박나무가 있는 단항리에서 대나무를 많이 베어 작은 배에 싣고 불을 지르자 왜군들이 대나무 터지는 소리를 함포 소리로 알고 혼비백산하여 도망갔다는 전설이 전하고 있으며 왜군을 물리친 장군이 병사들과 이 나무 아래에서 휴식을 취했다고 한다.

덧붙이는 말

왕후박나무는 후박나무와 같은 종으로 후박나무 중에서 잎이 큰 형질을 가진 것이다. 따라서 식물학적으로는 왕후박나무보다는 후박나무라는 명칭이 맞지만 이전부터 왕후박나무로 불러 왔으니 그대로 부르고 있다.

• 의령 세간리 은행나무宜寧 世干里 은행나무

천연기념물 제302호(1982. 11. 9. 지정)
수량 1주
소재지 경남 의령군 유곡면 세간리 808 외 3필
소유자 의령군 외
관리자 의령군

현황

은행나무는 살아 있는 화석이라 할 만큼 오래된 나무로 우리나라, 일본, 중국 등지에 분포하고 있다.

의령 세간리의 은행나무는 나이가 600년 정도로 추정되며, 높이 24.5m, 둘레 9.1m이다. 마을 가운데에 있으며, 마을 옆에서 자라는 느티나무와 함께 마을을 지켜 주는 신성한 나무로 믿어지고 있다. 특히 남쪽 가지에서 자란 두 개의 짧은 가지[돌기]가 여인의 젖꼭지같이 생겼다고 해서 젖이 나오지 않는 여인들이 찾아와 정성들여 빌면 효력을 받는다는 이야기가 전해 오고 있다.

유래와 내력

임진왜란 때 의병장으로 활약했던 곽재우1552~1617 장군은 바로 이 세간리에서 탄생했다. 곽재우 장군의 생가는 세간리 은행나무 바로 뒤편에 있다. 곽재우 장군은 남명 조식 선생의 문하에서 학문을 배웠고 후에 남명의 외손녀 사위가 됐다. 남명의 제자 중에는 임진왜란 때 의병장으로 활약한 분이 많았는데 그 중에서도 곽재우 장군은 특히 이름을 날렸다. 장군은 왜란이 발발하자 사재를 털어 의병을 일으켜 의령, 창녕, 영산 등지에서 활약했는데 호남으로 진출하려는 왜적들에게 큰 타격을 입혔다.

의령 세간리에는 이 은행나무 외에도 현고수라 불리는 느티나무 노거수 또한 천연기념물로 지정되어 있다. 세간리 마을 사람들은 은행나무, 현고수와 함께 마을 뒷산 중턱에 있는 굴참나무 노거수까지 세 그루의 당산목을 섬기는데 매년 정월 초열흘에 마을 사람 중에서 궂은 일이 없는 사람을 제관으로 뽑

아 동신제를 지낸다. 동신제를 지내는 순서는 굴참나무, 은행나무, 현고수 순으로 진행하고 있다. 동신제를 지내기 전에 당산목 주변에 황토를 뿌려 정갈하게 하고 금줄을 쳐서 잡인의 출입을 금한 후 제를 올린다. 당산목 중 굴참나무는 가슴높이줄기둘레가 325cm 정도로 큰 노거수이긴 하나, 이 은행나무나 천연기념물로 지정된 현고수에 비하면 나이도 적고 줄기도 작은 편이다. 한때는 동신제가 미신이라고 배척하는 움직임도 있었으나 지금은 전통 문화로 인식되어 의령군수가 초헌관으로 참여하기도 한다.

• 김해 천곡리 이팝나무金海 泉谷里 이팝나무

천연기념물 제307호(1982. 11. 9. 지정)
수량 1주
소재지 경남 김해시 주촌면 천곡리 885외 4필
소유자 김해시 외
관리자 김해시

현황

이팝나무란 이름은 꽃이 필 때 나무 전체가 하얀 꽃으로 뒤덮여 이밥, 즉 쌀밥과 같다고 하여 붙여진 것이라고도 하고, 여름이 시작될 때인 입하에 꽃이 피기 때문에 '입하목立夏木'이라 부르다가 이팝나무로 부르게 됐다고도 한다.

김해시 천곡리의 이팝나무는 나이가 500년 정도로 추정되며, 높이는 18.3m, 둘레는 4~4.73m이다. 이 나무가 자라고 있는 천곡리에는 성, 지석묘, 패총 등 선사 시대의 유적이 많다. 따라서 이 나무도 다른 유물과 더불어 보존되어 온 것이라고 보고 있다.

유래와 전설

우리나라의 크고 오래된 이팝나무에는 거의 한결같은 이야기가 전해지고 있는데, 이팝나무의 꽃이 많이, 그리고 고르게 피면 풍년이 들고 적게 피면 흉년이 든다는 식으로 그해 농사의 풍흉을 점칠 수 있다는 것이다. 아마도 비가 적당히 잘 와서 이팝나무가 건강하면 꽃이 잘 필 것이고 그렇지 못하면 꽃도 시원찮을 것이니 전혀 일리가 없는 일도 아니다. 또 다른 한편으로는 이팝나무는 대개 매년 꽃이 아주 잘 피는 나무인 데다 이팝나무의 꽃이 흰쌀밥을 연상시키므로 풍년이 들기를 적극적으로 소망하는 의미에서 이런 점을 쳤을 수도 있다. 천곡리 이팝나무도 마찬가지로 풍흉을 점치는 나무로 알려져 왔으며 마을 사람들은 꽃이 필 때를 택하여 풍년을 비는 동제를 지내 왔다고 하는데 어버이날인 5월 8일 전후가 된다. 제사를 지내는 제관은 마을 사람 중 상중이거나 가족 중 아픈 사람이 있는 사람을 제외하고 아들과 딸이 모두 있는 유복한 사람 중에서 골라 선택한다고 한다. 2016년에 문화재청에서 전국의 자연유산 민속행사 65건을 지정하여 지원했는데 천곡리 이팝나무 마을 동제도 여기에 선정됐다.

• 함안 영동리 회화나무咸安 榮東里 회화나무

천연기념물 제319호(1982. 11. 9. 지정)
수량 1주
소재지 경남 함안군 칠북면 영동리 749-1 외 4필
소유자 국유 외
관리자 함안군

현황

중국에서는 회화나무를 높은 관리의 무덤이나 선비의 집에 즐겨 심었다. 우리나라에서는 중국을 왕래하던 사신들이 들여와 향교나 사찰 등에 심었다.

함안군 영동리 회화나무는 나이가 500년 정도로 추정되며, 높이는 19.5m이고, 둘레는 5.78m로 가지는 사방으로 길게 뻗어 있다. 1482년 광주안씨의 22대조이며 성균관 훈도를 지낸 안여거安汝居가 영동리에 정착하면서 심은 것이라고 한다. 마을 사람들은 이 나무가 마을을 지켜 주는 신성한 나무라고 믿고 있으며, 매년 음력 10월 1일에는 나무 앞에서 제사를 지내 왔다. 현재 수간의 일부가 썩어 외과 수술을 했고 충전재로 채우기도 했지만 그런대로 건강한 상태를 유지하고 있다.

• 통영 우도 생달나무와 후박나무統營 牛島 생달나무와 후박나무

천연기념물 제344호(1984. 11. 19. 지정)
수량 4주
소재지 경남 통영시 욕지면 연화리 203
소유자 국유 외
관리자 경상남도

현황

생달나무는 남쪽의 따뜻한 해안가의 평지에서 자란다. 꽃은 4~5월에 피며 열매는 7~9월에 열린다. 후박나무는 울릉도와 제주도 및 남쪽 섬에서 자라며 주로 해안가에서 자란다. 나무가 웅장하고 아름다워서 정원수, 공원수 등에 이용되며 바람을 막아 주는 방풍용으로도 많이 심는다.

천연기념물로 지정된 대상 수목은 생달나무 세 그루와 후박나무 한 그루로 이 나무들은 마을을 지켜 주고 보호해 주는 서낭림을 이루고 있다. 생달나무 중 가장 큰 나무의 나이는 400년 정도로 추정되며 아래쪽부터 줄기가 다섯 갈래로 갈라졌고 그중 가장 굵은 줄기의 가슴높이줄기둘레는 약 3m이며 나무 전체의 높이는 약 15m이다. 보다 작은 생달나무 두 그루의 가슴높이줄기둘레는 각각 2m, 1.9m이다. 후박나무의 나이는 500년으로 추정하고 있는데, 줄기는 밑에서 두 갈래로 갈라져 있고 그 가운데 굵은 줄기의 가슴높이줄기둘레는 4.2m이고 높이는 10m에 달한다. 나무 밑에는 계요등, 섬딸기, 돈나무, 사철나무, 누리장나무, 팽나무, 천선과나무, 송악 등이 자라고 있으며, 주변에는 작은 동백나무 숲이 있다.

덧붙이는 말

안내판에는 후박나무 한 그루, 생달나무 세 그루로 설명되어 있으나 후박나무 한 그루, 생달나무 두 그루가 아닌가 한다. 높은 쪽의 생달나무는 원래부터 2주인지 1주가 2간으로 자란 것인지 애매하지만 근원에서부터 붙어 자란 모습이 거의 1주 같아 보인다.

약간 멀리서 보면 전체적으로 후박나무와 생달나무가 어우러져 한 그루처럼 보이기도 하는데 전체적인 수간은 6개이며 후박나무 한 그루가 3간, 생달나무 한 그루는 1간, 생달나무 다른 한 그루[또는 두 그루]는 2간으로 구성되어 있다.

• 통영 추도 후박나무統營 楸島 후박나무

천연기념물 제345호(1984. 11. 19. 지정)
수량 1주
소재지 경남 통영시 산양읍 추도리 508
소유자 사유
관리자 경상남도지사

현황

후박나무는 녹나무과에 속하며 제주도와 울릉도 등 따뜻한 남쪽 섬 지방에서 자라는 나무로 일본, 대만 및 중국 남쪽에도 분포하고 있다. 주로 해안을 따라 자라며 수피와 열매는 약재로 쓰인다. 나무가 웅장한 맛을 주고 아름다워서 정원수, 공원수 등에 이용되고 바람을 막기 위한 방풍용으로도 심어지고 있다.

바닷가 언덕에서 자라고 있는 이 후박나무는 나이가 500년 정도로 추정된다. 높이 14.4m, 남쪽 줄기둘레 2.26m, 북서쪽 줄기둘레 2.1m의 크기로 줄기는 중간에서 나누어져 하나는 수평으로 바다를 향해 뻗어 있고, 다른 하나는 위를 향해 자라고 있다. 주변에는 돈나무, 느티나무, 예덕나무, 꾸지나무, 보리밥나무, 팽나무 등이 같이 자라 바람을 막아 주는 방풍림의 역할도 하고 있다. 마을 사람들은 이 나무가 마을을 보호한다고 믿고 있다.

• 함양 목현리 구송咸陽 木峴里 九松

천연기념물 제358호(1988. 4. 30. 지정)
수량 1주
소재지 경남 함양군 휴천면 목현리 854
소유자 국유 외
관리자 함양군

현황

함양 목현리 구송은 도로에서 500m 정도 떨어진 냇가에서 자라고 있는 반송[밑동에서부터 줄기가 여러 갈래로 갈라져 옆으로 퍼지는 소나무의 품종]으로 나무의 나이는 약 300년으로 추정된다. 높이 13.1m, 둘레 4.5m의 크기로 줄기가 밑 부분에서 9갈래로 갈라져 구송九松이라 하는데, 그중 2개는 죽고 7개의 줄기만 남아 있다. 약 300년 전 이 마을에 처음 들어온 진양정씨 학산공이 심었다고 전해진다.

• 의령 성황리 소나무宜寧 城隍里 소나무

천연기념물 제359호(1988. 4. 30. 지정)
수량 1주
소재지 경남 의령군 정곡면 성황리 산34-1
소유자 의령남씨 양정종중
관리자 의령군

현황

의령 성황리 소나무는 마을 뒷산의 경사면에서 자라고 있으며, 나무의 나이는 문화재청 자료와 현지 안내판에는 300년 정도로 추정하고 있으나 너무 낮게 잡은 것으로 보이며 400년생 정도로 보는 것이 타당할 것이다. 높이 13.5m, 둘레 4.8m의 크기로 1~2.7m 높이에서 가지가 4개로 갈라져 옆으로 넓게 퍼졌으나, 그 가운데 하나는 고사했다.

의령 성황리 소나무에 대한 유래는 알려져 있지 않으나, 북쪽에는 묘소가 있고, 마을 앞 산기슭에는 의령남씨의 사당이 있어 이와 어떤 관련이 있을 것이라고 생각된다. 이 소나무와 30m 정도 떨어져 있는 다른 소나무의 가지가 맞닿으면 통일이 된다는 말이 전해지고 있다.

덧붙이는 말

성황리 소나무가 있는 성황리는 원래 이곳에 성황당서낭당이 있었기에 붙은 마을 이름이다. 성황당은 오래된 나무와 함께하는 경우가 대부분이니 이 소나무도 서낭당 소나무로 볼 수 있다. 서낭당에 있는 나무 중 특히 신목으로 삼는 나무를 당산목으로 부르기도 하지만 당산목은 서낭당과 관계없이 그냥 신목을 지칭하는 이름이기도 하다. 이런 당산목은 당산목으로 삼기 위해 심기보다는 이미 존재하는 마을 인근의 노거수 중에서 자연스레 선정되게 마련이다. 따라서 서낭당 당산목의 원래 유래는 서로 다른 경우도 많다. 성황리 소나무는 원래 도래솔(무덤 주위에 울타리처럼 둥글게 조성된 소나무 숲 또는 줄나무)로 보이는데 소나무 뒤에는 의령남씨 종중 무덤이 있으며 앞쪽은 마을이 있기 때문이다. 또 천연기념물로 지정된 소나무 외에 큰 소나무가 여러 그루 있는 것도 도래솔로 보는 이유이다. 대개 마을 인근에 무덤을 쓸 때 마을 사람들은 무덤이 마을을 내려다보는 위치에 있을 경우 마을에 해를 끼친다고 생각하여 이를 극도로 꺼리며 이런 이유로 마을 주민 간에 분쟁이 일어나는 경우도 많다. 이때 타협안으로 무덤이 마을에서 보이지 않게 주변에 나무를 심어 가리기도 하는 것이다. 또 도래솔을 심으면 소나무가 그늘을 드리우므로 무덤 주변에 다른 잡목이 침범하는 것을 막는 효과도 있다.

• 함양 운곡리 은행나무咸陽 雲谷里 은행나무

천연기념물 제406호(1999. 4. 6. 지정)
수량 1주
소재지 경남 함양군 서하면 운곡리 779
소유자 함양군 외
관리자 함양군

현황

함양 운곡리 마을 안에 자리 잡고 있는 운곡리 은행나무는 나이를 800년 정도로 추정한다. 높이 38m, 둘레 8.75m의 크기로 땅에서 1m 지점에서 줄기가

2개로 분리됐다가 3m 지점에서 다시 합쳐져 5m 부분에서 5개로 갈라진다.

운곡리 마을이 생기면서 심은 나무로 마을의 이름도 이 나무로 인해 은행정 또는 은행마을이라 부른다고 한다. 이 나무 앞을 지나면서 예를 갖추지 않으면 그 집안과 마을에 재앙이 찾아든다는 이야기가 전하기도 한다. 풍수지리설에 의하면 이 마을이 배의 모습을 하고 있는데 바로 이 나무가 마을의 돛대 역할을 하여 마을을 지켜 준다고 여겨 소중히 보호하고 있다.

최근에는 은행나무를 벼락으로부터 보호하기 위해 은행나무 옆에 높은 피뢰침을 세워 두었다.

내력

고려 시대에 운곡리 마을 아래 개양천변開楊川邊에 살던 마씨馬氏 성을 가진 이가 천재天災를 당하여 개양천은 평야가 되고 광대평廣大坪은 하천으로 변하여 이곳 운곡리로 이주하여 살게 된 후 마을을 이루게 됐는데 풍수지리적으로 행주형(물 위에 떠 있는 배의 형국)이라 배에 꼭 필요한 돛대 역할을 하도록 은행나무를 심었다고 한다. 그 후 은행나무가 자라 거수가 됐지만 은행이 열리지 않자 나무 아래 우물을 파서 우물에 나무 그림자가 비치면 은행이 열린다 하여 우물을 팠다. 그러나 송아지 등 짐승들이 빠져 죽는 흉사만 일어나고 은행은 열리지 않자 우물은 배에 구멍을 내는 것이라 마을이 망한다는 의견에 따라 결국 우물을 도로 메웠다고 한다. 약 800여 년 전 10여 호가 살고 있던 마을에 대 화재가 발생하여 은행나무도 불에 탔으나 다시 움이 자라 소생한 것이 지금의 은행나무라고 전한다. 일제 강점기 말기에 마을 유지급 인사가 은행나무를 베어 팔려고 모의했는데 돌연 밤중에 곡성哭聲이 들려 마을 사람들이 두려워했다고 한다. 또 은행나무를 팔려던 이는 원인불명의 병에 걸려 백약이 무효로 앓다가 죽고 말았으며 은행나무는 살아남게 됐다고 한다. 이후 마을 사람들은 은행나무에 신령스런 힘이 있다고 더욱 믿게 됐으며 뿌리나 가지를 자르는 사람은 필히 해를 입는다고 생각하고 있다. 마을에서는 매년 정월 보름이면 마을의 안녕과 풍년을 비는 농악을 울리며 은행나무에 제사를 지낸다고 한다.

• 함양 학사루 느티나무咸陽 學士樓 느티나무

천연기념물 제407호(1999. 4. 6. 지정)
수량 1주
소재지 경남 함양군 함양읍 운림리 27-1
소유자 함양군 외
관리자 함양군

현황

함양 학사루學士樓 느티나무는 약 500년 정도 된 것으로 알려져 있으며, 높이 22.2m, 둘레 7.25m의 크기이다. 점필재 김종직 선생이 함양현감으로 있을 때 학사루 앞에 심었다고 한다.

유래

학사루는 통일신라 말기에 함양태수를 지냈던 고운 최치원이 이 누각에 자주 올라 시를 지었다고 전하며 그 역사가 무척 오래된 누각이다. 학사루란 이름 또한 최치원의 직함인 한림학사에서 온 것이다. 원래 학사루는 객사의 부속 건물로 함양 읍성의 중심에 위치했으나 일제 강점기에 학사루를 제외하고 객사를 비롯한 모든 건물들이 철거되어 버렸다. 현재 건물은 임진왜란 때 불탄 것을 숙종 18년1692년에 중건했으며 정면 5칸, 측면 2칸에 2층의 팔작지붕 건물이다. 1979년에 현재 위치하고 있는 함양군청 앞으로 이전했다.

학사루 느티나무는 조선 전기의 성리학자인 점필재 김종직이 함양현감을 지낼 때 당시 학사루 앞에 심은 것으로 전해진다. 함양현감을 지내던 김종직은 어린 아들을 병으로 잃었는데 아들의 짧은 생을 안타깝게 여기고 명복을 빌며 이 느티나무를 심었다고 한다. 학사루 느티나무는 500년이 넘는 세월 동안 이 자리에서 함양 사람들의 사랑을 받아 왔고 고을과 사람들을 지켜 주는 수호신으로 받들어지는 나무이다.

• 거창 당산리 당송居昌 堂山里 堂松

천연기념물 제410호(1999. 4. 6. 지정)
수량 1주
소재지 경남 거창군 위천면 당산리 331
소유자 국유
관리자 거창군

현황

거창 당산리 당송은 마을 중앙에 수호신처럼 서 있다. 나이가 600년 정도로 추정되며 높이가 14.3m, 둘레는 4.10m이다. 나무껍질은 거북등과 같이 갈라져 있으며, 밑동 부분에는 도끼 자국이 남아 있고, 남쪽의 가지 하나가 죽었으나 전체적으로 아름다운 모양을 유지하고 있다. 거창 당산리 당송은 나라에 큰일이 있을 때마다 "웅-웅-웅" 소리를 내어 미리 알려 준다고 하는데 이처럼 신령스럽다 하여 영송靈松이라 부르기도 한다. 1910년 국권을 빼앗겼을 때,

1945년 광복이 되었을 때, 1950년 한국 전쟁이 났을 때에는 몇 달 전부터 밤마다 울었다는 이야기가 전해진다. 최근에는 2010년 3월 26일 천안함 폭침 때도 일부 주민들이 나무가 우는 소리를 듣고 두려워했다고 한다. 원래 당송이 있는 당산리에는 소나무 거목이 세 그루가 있었다고 하는데 당송을 제외한 두 그루는 죽고 말았다고 한다. 마을에서는 매년 정월 대보름이면 이 나무에 제사를 지내고 있으며, 주민 전체가 모임을 만들어 특별히 보호하고 있다. 최근에 나무 아래에 제단을 마련해 두었다.

• 하동 축지리 문암송河東 丑只里 文岩松

천연기념물 제491호(2008. 3. 12. 지정)
수량 1주
소재지 경남 하동군 악양면 대축길 91(축지리)
소유자 사유
관리자 하동군

현황

수령樹齡은 약 600년 정도로 추정된다. 높이가 12.6m, 가슴높이줄기둘레는 3.2m에 달하고 수관樹冠은 동서 16.8m, 남북 12.5m이다. 아미산의 커다란 바위를 뚫고 자라고 있어 마치 큰 바위에 걸터앉은 것 같은 소나무로 드넓은 악양 들녘을 내다보고 있는 기이한 형상의 소나무이다.

유래

예전에는 이 소나무 아래에서 문인들이 시회詩會를 열곤 했다고 전한다. 주민들은 문암송이란 이름이 문인들이 많이 찾고 또 바위 위에 있기 때문에 붙은 이름으로 생각하고 있다.

주변의 괴석怪石과 함께 신비감을 주는 이 소나무 주위에서 마을 주민들은 매년 음력 4월 초파일에 문암송 대제란 이름으로 제사를 지내 왔다. 4월 초파일 무렵이 농사일로 바쁜 시기라 10여 년 전부터는 날짜를 옮겨 여름 농한기인 백중날(음력 7월 15일)에 제사를 지낸다고 한다. 마을 사람들은 문암송 대제가 열리기 며칠 전부터 문암송 주변을 청소하고 돼지를 잡아 제수를 준비하는 등 제사 준비에 들어가며 제사 때는 풍물을 치고 제를 올린 후 음식을 나누어 먹으면서 마을 사람들이 함께 즐긴다고 한다. 문암송 대제의 정확한 유래는 알 수 없으나 전해지는 이야기로는 1920년 대홍수 때 인근 아미산에 산사태가 나는 등 피해가 컸으나 이곳 축지리 마을은 큰 피해를 입지 않았다고 한다. 마을 사람들은 문암송이 마을을 지켜 준 덕분이라고 생각하여 그때부터 마을 주민들이 더욱 열성적으로 이 제사에 참여하게 됐다고 하니 아마도 100년이 넘게 이어져 온 것으로 보인다.

• 의령 백곡리 감나무宜寧 白谷里 감나무

천연기념물 제492호(2008. 3. 12. 지정)
수량 1주
소재지 경남 의령군 정곡면 백곡리 576-1
소유자
관리자 의령군

현황

수령은 약 450년으로 추정되며, 나무의 높이는 20m, 가슴높이줄기둘레는 3.68m이다. 수관 폭은 동서 방향이 19.3m, 남북 방향이 15m이다. 줄기는 곧게 자랐고, 그 위에 수관이 잘 발달한 상태이다. 그러나 노쇠하여 수관 상층부의 잎은 왜소한 상태이며 결실도 거의 되지 않는다고 한다. 줄기는 지상 약 2m 높이에서 사방으로 갈라졌으나, 서쪽의 큰 가지 두 개는 절단됐다. 줄기에 큰 공동空洞이 있어서 전에는 어린아이들이 드나들었을 정도였으나 2003년에 외과 처리를 하여 지금은 공동이 메워진 상태이다. 보호를 위해 외과적으로 처리를 했지만 여전히 밑둥이 매우 취약한 상태로 강풍을 맞으면 나무가 쓰러지지 않을까 매우 우려되는 상태이다. 나무가 쓰러지는 것을 막기 위해 사방에 지주를 세워 나무를 지탱하고 있다. 마을의 한쪽, 농경지 가장자리에 위치하고 있으며 현재는 보호용 울타리가 쳐져 있다.

유래

이전에는 이 감나무를 당산목으로 삼아 마을의 안녕과 풍요를 비는 제사를 지내 왔으나 나무가 너무 노쇠하여 더 이상 감이 열리지 않게 되자 제사를 지내지 않게 됐다고 한다. 마을에서 당산제를 지내며 비는 가장 우선적인 염원이 다산과 풍요 및 안녕인데 감이 열리지 않으니 다산을 빌 수 없게 됐다고 생각한 듯하다. 감은 열리지 않고 제사는 지내지 않아도 마을 주민들은 여전히 감나무를 잘 보호해 오고 있다.

• 의령 세간리 현고수宜寧 世干里 懸鼓樹

천연기념물 제493호(2008. 3. 12. 지정)
수량 1주
소재지 경남 의령군 유곡면 세간리 1000
소유자 의령군 외
관리자 의령군

현황

현고수는 세간마을 앞에 있는 느티나무로, 나이는 500여 년 정도로 추정되며, 나무의 높이는 20m, 뿌리 근처의 줄기둘레는 8.4m이다. 수관 폭은 동서 방향이 16m, 남북 방향이 15m이다. 나무는 뿌리둘레 주위보다도 가슴높이줄기둘레가 오히려 굵을 정도로 줄기의 아래 부분이 울퉁불퉁하게 불규칙적으로 굵으며, 지상 약 2m 높이 위에서는 갑자기 가늘어졌다. 이 나무는 마을 입구의 길가에 위치하지만 나무 주위에는 넓은 공지가 있어 환경이 좋은 편이다.

줄기는 내부가 썩은 것을 외과 처리 한 후 충전했고, 약 4~5m 높이에서 큰 줄기 하나가 거의 수평으로 생장했다. 이 가지가 크게 세력을 형성했기 때문에 하중이 분산되도록 가지 곳곳에 지주를 받쳐 놓았다. 나무 주위에 정방형으로 보호 울타리를 설치해 놓았다.

유래

현고수는 북을 매단 나무라는 뜻으로 임진왜란壬辰倭亂 당시인 1592년 4월 13일, 왜군이 부산포에 침입하자 당시 41세의 유생이던 곽재우郭再祐가 4월 22일에 이 느티나무에 북을 매달아 놓고 치면서 전국 최초로 의병을 모으고 훈련을 시켰다는 데서 붙은 이름이다. 따라서 현고수가 있는 세간리는 임진왜란 때 의병이 처음 일어난 유서 깊은 곳으로, 의령군에서 매년 열리는 의병제전은 곽재우 장군이 이곳에서 처음 의병을 모집한 날인 4월 22일을 기려 개최되며 행사를 위한 성화가 이곳 현고수가 있는 곳에서 채화되고 있다. 실제 나무 모양이 전체적으로 거의 'ㄱ'자 형을 나타내고 있어 나무만 보아도 북을 걸기에 안성맞춤으로 보인다.

또한 마을 사람들은 의병제와는 별도로 매년 정월 초열흘에 이 나무 아래에서 마을의 안녕과 태평성대를 기원하는 동신제를 지내고 있다. 동신제는 마을에서 당산으로 삼고 있는 세 그루의 노거수에 차례로 지내는데 마을 뒷산의 굴참나무, 은행나무, 그리고 이 현고수 순으로 지낸다.

• 합천 해인사 학사대 전나무陜川 海印寺 學士臺 전나무

천연기념물 제541호(2012. 11. 13. 지정)
수량 1주
소재지 경상남도 합천군 가야면 치인리 산 1-1
소유자 해인사
관리자 해인사

현황

해인사 팔만대장경이 보관된 장경판전 북쪽, 학사대에 우뚝 서 있는 전나무로 수령은 250년으로 추정되며 나무 높이는 30m에 달한다. 주위에는 큰 소나무가 울창하게 서 있다.

유래

학사대는 해인사의 장경판전 바로 옆의 작은 언덕을 이르는 이름인데 최치원 선생이 이곳에서 은거하며 시와 문장을 썼다고 하여 학사대라 부르게 됐다고 한다. 최치원 선생은 29세에 한림학사란 벼슬을 했기에 그의 벼슬 이름을 딴 것이다.

『신증동국여지승람新增東國輿地勝覽』에는 최치원과 관련된 기록과 전설이 전하고 있는데, 선생이 짚고 다니던 지팡이를 이곳에 꽂아 두고 홀연히 자취를 감추고 말았는데 그 후에 이 지팡이에서 움이 돋아나 자라 지금의 전나무가 됐다는 전설이다. 그러나 지금의 전나무는 수령으로 보나 기록으로 보나 최치원 선생이 심은 전나무는 아니라고 한다. 『백불암집百弗庵集』에는 최치원이 심은 전나무가 고사하여 1757년경 후계목을 식재한 기록이 있는데 지금의 전나무는 바로 이때 심은 나무라는 것이다. 이 나무는 1998년 11월 13일에 경상남도 기념물 제215호로 지정된 바 있고 2012년 11월 13일에 천연기념물 제541호로 승격됐다.

덧붙이는 말

전나무는 수형이 곧게 수직으로 자라는 성질을 가지는데 학사대 전나무는 중간에서 크게 가지가 갈라져 자라고 있어 모양이 특이하다. 아마도 강풍에 주간이 부러진 후에 밑의 가지가 다시 자란 것으로 추정된다. 문화재청 자료에는 수령이 250년이라고 하는데 1757년에 식재한 기록을 근거로 했다면 심은 지 260년 정도 됐다. 그러나 대개 이런 나무를 심을 때 아주 어린 나무를 심기보다는 수십 년생 정도의 장령목을 심는다는 것을 고려하면 수령은 300년 정도로 추정하는 것이 합당하다.

2-2. 도 기념물 지정 노거수

• 하동 두양리 은행나무斗陽里 銀杏나무

경상남도 기념물 제69호(1983. 12. 20. 지정)
수량 1주
소재지 경남 하동군 옥종면 두양리 산 36
소유자 사유
관리자 진주강씨 문중

현황

두양리의 은행나무는 나이가 900년 정도로 추정되며, 높이는 27m, 둘레는 9.3m이다. 나뭇가지가 뻗은 지름이 동서로 21.5m, 남북으로 18.3m이다. 뿌리목에서 두 개의 줄기가 자랐는데 남쪽 줄기가 훨씬 굵으며 키는 북쪽 줄기가 오히려 더 크다. 줄기 일부가 손상되어 충전한 흔적이 있으나 전체적으로 건강 상태가 양호하며 암나무로 아직도 은행이 잘 열리고 있다.

유래

고려 때 무장인 은열공殷烈公 강민첨姜民瞻, 963?~1021이 심은 나무라고 전해지고 있다. 강민첨은 963년고려 광종 4년 태어나서 15세까지 진주의 향교에서 사서오경을 배웠고 선조의 유적지인 이곳에 사당을 지었다. 이 사당에서 그는 선조의 영정을 모셔 놓고 수호하면서 학문을 닦고 무예를 연마했다고 한다.

이 은행나무 동편 20m 지점에는 높이 4m의 사대射臺가 지금도 대나무 숲 속에 우뚝 서 있다. 마을 사람들은 이 나무에 영험이 있다고 하여 치성을 드리고 있으며 특히 대학 진학을 앞둔 자녀를 둔 어머니들의 발길이 잦다.

• 통영 충렬사 동백나무統營 忠烈祠 동백나무

경상남도 기념물 제74호(1985. 1. 14. 지정)

수량 2주

소재지 경남 통영시 명정동 179

소유자 충렬사

관리자 충렬사

현황

충렬사 동백나무는 높이가 6.3m, 뿌리목 줄기둘레 1.7m 정도에 가슴높이줄기둘레가 1m이며, 나이는 약 300년으로 충렬사가 건립된 지 약 80년 후에 심은 것으로 추측된다. 매년 12월부터 이듬해 4월까지 꽃이 피는데, 예로부터 꽃이 유난히 붉고 탐스러워 풍어제를 지낼 때 동네 처녀들이 물동이에 동백 꽃잎을 띄워 바쳤다고 한다.

덧붙이는 말

경남 기념물로 지정된 충렬사 동백나무는 원래 네 그루였고 지금도 문화재청 정보에는 네 그루로 올려져 있으나 2000년대에 이미 한 그루는 고사했다. 필자가 2008년도에 답사를 갔을 땐 남은 세 그루 중 두 그루의 활력이 떨어지고 그중 한 그루는 건강 상태가 매우 좋지 않은 편이었다. 2017년 1월 다시 방문해 보니 건강 상태가 나빴던 한 그루는 진작 고사했고 남은 두 그루도 상태가 극히 좋지 않았다. 특히 한 그루는 수간의 대부분이 고사하여 돌이킬 수 없는 상태에 도달했다. 2008년 당시엔 사람들의 출입이 많아 뿌리목 주변이 답압踏壓으로 주위 토양이 너무 단단해진 것과 거름기가 적은 것도 나무가 쇠약해지는 원인으로 보였다. 영양분 소모를 막기 위해 매년 꽃이 핀 후 열매를 따 주고 뿌리목에 적당히 퇴비를 주며 주변을 사람들이 밟지 않게 하는 등의 보호책이 절실한 실정이었는데 지금 보니 고사 원인의 상당 부분은 관리가 잘못된 탓으로밖에 볼 수 없다. 충렬사 직원들에게 관리 실태를 물었더니 나무가 쇠약해지자 너무 건조하여 그런 것이라고 임의로 진단하고 지속적으로 물을 주었다니 과습으로 뿌리가 호흡을 하지 못한 것이 가장 큰 원인이 아닌가 추측된다. 게다가 물을 계속 주어도 회복은커녕 고사가 더 진행되자 직원들은 2000년대에 있었던 부근의 토목 공사로 뿌리목에 흙을 덮었던 것을 고사의 원인으로 진단하고 도로 흙을 파내어 동백이 선 자리는 지면이 주변보다 훨씬 낮아 웅덩이가 되어 버렸다. 여름에 비가 많이 오면 이곳에는 물이 고여 뿌리가 호흡을 하지 못해 고사를 부채질하게 되는 것이다.

결국 나무의 생리를 잘 모르는 사람들이 관리를 하면서 나무를 보호한다고 하는 조치가 나무를 죽게 만들었다고 볼 수밖에 없다. 흙을 어느 정도 도로 채우거나 아래쪽 석축 일부를 허물어 웅덩이가 되어 있는 상태를 개선하는 것이 급선무로 보여 신신당부를 했지만 이미 고사 단계에 빠진 동백을 구하기는 너무 늦은 것으로 보인다.

나무를 보호하기 위해 어떤 조치를 취할 때에는 전문가에게 충분히 자문을 받고 정확하게 진단한 후 조치를 해야지 함부로 성토를 하거나 흙을 파내는 행위는 자칫 나무를 더 위험에 빠뜨릴 수 있다.

• 창원 인곡리 모과나무仁谷里 모과나무

경상남도 기념물 제77호(1985. 1. 14. 지정)
수량 1주
소재지 경남 창원시 합포구 진북면 인곡리 439
소유자 의림사
관리자 의림사

현황

모과나무는 중국이 원산지로 우리나라 전역에서 과수 또는 관상용으로 오래 전부터 심어 온 나무이다. 꽃은 5월에 연한 홍색으로 피며, 열매는 원형 또는 타원형으로 9월에 황색으로 익는데 향기가 매우 좋다.

인곡리 모과나무의 나이는 문화재청 자료와 현지 안내판에서는 약 250년으로 추정하고 있으나 모과나무는 성장이 매우 느린 나무라 적어도 300년 이상 되는 것으로 추정된다. 높이 10m, 가슴높이줄기둘레는 3.3m, 수관 폭은 동서로 15m, 남북으로 14m이고, 뿌리목 줄기둘레는 5m로 측정되고 있다. 의림사 대웅전 앞뜰에 자라고 있다. 줄기가 근육 모양으로 울퉁불퉁하게 골이 패여 있는데, 오래된 모과나무에서만 볼 수 있는 특이한 형태이다. 또한 작은 가지들이 불규칙하게 많이 나 있다.

덧붙이는 말

인곡리 모과나무란 명칭이 붙었지만 의림사란 전통 사찰 경내에 있으니 의림사 모과나무로 공식 명칭을 바꾸는 게 바람직하다고 본다. 이처럼 문화재 명칭이 원칙도 없이 마을 이름으로 불려 찾는 데 혼란을 주는 것은 지양되어야 할 것이다.

• 고성 북평리 찰피나무固城 北坪里 찰피나무

경상남도 기념물 제82호(1986. 8. 6. 지정)
수량 1주
소재지 경상남도 고성군 개천면 북평리 산 57-1
소유자 옥천사 청련암
관리자 청련암

현황

찰피나무는 피나무과에 속하는 나무로 열매는 염주를 만드는 데 쓰기도 한다.

북평리의 찰피나무는 높이 약 15m, 둘레 2.18m에 달하고 나이는 250년 정도로 추정되는 노거수였으나 태풍에 줄기가 부러져 원래의 나무는 고사하고 지금은 뿌리목에서 움이 터서 자란 작은 나무 여러 그루가 고사한 어미 나무 둘레에서 함께 자라고 있다. 스님들이 흔히 찰피나무를 보리수라 하여 귀하게 여기고 있으나, 석가모니가 도를 닦고 진리를 깨우쳤던 동인도 지역의 보리수와는 전혀 다른 종류의 나무이다.

덧붙이는 말

북평리 찰피나무는 고사한 지 이미 오래되어 지금은 썩은 그루터기 일부만 남아 있다. 주변에는 뿌리에서 움이 자라 여러 줄기가 자라고 있으나 이미 문화재로서 보호할 가치를 완전히 상실했다. 만약에 찰피나무가 아주 희귀한 수종이라면 희소성 때문에라도 보호 가치가 있겠지만 그런 나무도 아니고 노거수라는 이유로 지정된 나무이니 진작 지정을 해제했어야 했다. 이처럼 고사한 지 오래된 나무도 그대로 두는 것은 현재의 식물 문화재 관리 실태를 여실히 보여 주는 단적인 예라 하겠다.

• 충익사 모과나무忠翼祠 모과나무

경상남도 기념물 제83호(1987. 5. 19. 지정)
수량 1주
소재지 경남 의령군 의령읍 중리 467-2
소유자 충익사
관리자 충익사

현황

충익사 모과나무의 나이는 500년 정도로 높이는 12m, 가슴높이줄기둘레는 3.1m, 뿌리목 줄기둘레는 4m, 수관 폭은 동서로 5.5m, 남북으로 6.4m에 달한다. 둥근 수관으로 아담한 수형을 지니고 있는데 지금까지 조사된 모과나무 중에서는 가장 오래된 나무로 보고 있다. 수피가 불규칙적으로 벗겨지면서 황·녹·갈·회색 등의 여러 가지 색으로 알록달록하게 얼룩무늬를 만들어 아름답다. 또 줄기는 근육 모양으로 울퉁불퉁하게 세로로 골이 져서 기이한 느낌을 준다.

유래

충익사의 모과나무는 원래 의령군 가례면 수성리 입구 계곡에 있었던 것으로 마을의 당산목으로 토속신앙의 대상이었다. 그런데 1978년 망우당忘憂堂 곽재우廓再祐 장군 유적지 정화 사업을 실시할 때 이곳 충익사로 옮겨 심었고 많은 나이에도 충익사에서 새로이 뿌리를 잘 내려 충익사의 명물로 남게 됐다.

• 장승포 덕포리 이팝나무長承浦 德浦里 이팝나무

경상남도 기념물 제95호(1990. 1. 16. 지정)
수량 1주
소재지 경남 거제시 덕포동 1039
소유자 거제시
관리자 거제시

현황

이팝나무란 이름은 꽃이 필 때 나무 전체가 하얀 꽃으로 뒤덮여 이밥, 즉 쌀밥과 같다고 하여 붙여진 이름이다.

덕포리 이팝나무는 마을 안에 있으며 나이는 300년 정도로 추정된다. 나무의 높이는 15m, 가슴높이줄기둘레는 3m, 수관 폭은 동서로 16m, 남북으로 14m에 이른다. 이 나무는 껍질이 더덕더덕 헌옷 떨어진 것처럼 보이고 거북등이 갈라진 것처럼 골이 크게 져 있다 해서 마을 주민들은 헌두더기나무라고 불러 왔다고 한다. 나무 곁에는 돌무지가 있다. 이 돌무지는 마을 사람들이 마을의 평화와 안녕을 기원하며 쌓았다고 하며, 왜적이 침입할 때 등에 대비하는 방어용 무기로서의 기능도 가졌다고 한다.

우리나라의 크고 오래된 이팝나무는 대부분 꽃이 피는 상태를 보고 풍흉을 점치는 풍습이 있었는데 덕포리 이팝나무도 마찬가지였다고 한다. 즉, 꽃이 활짝 많이 피면 풍년이 들고 꽃이 시름시름 피면 흉년이 드는 것으로 믿었다.

• 진주 정평리 무환자나무晋州 亭坪里 무환자나무

경상남도 기념물 제96호(1990. 1. 16. 지정)
수량 1주
소재지 경남 진주시 집현면 정평리 산3-2
소유자 응석사
관리자 응석사

현황

무환자나무를 뜰에 심으면 자식에게 화가 미치지 않는다 하여 무환자나무라 부르게 됐다는 속설이 있으며 제주도에서는 도욱남 또는 더욱남으로 불리고 있다. 원산지는 대만으로 우리나라에는 중국으로부터 도입된 것으로 추정된다. 열매는 염주를 만드는 데 쓰이므로 절 주변에 흔히 심는다.

정평리 무환자나무의 나이는 문화재청 공식 자료에는 250년 정도로 추정된다고 하지만, 너무 높게 잡은 듯하며 200년생 정도로 추정된다. 무환자나무는 성장이 아주 빠른 나무는 아니지만 그렇다고 그리 느린 것도 아니다. 나무의 높이는 15m이며, 가슴높이 둘레는 2.15m이다. 수관樹冠은 동서로 15.1m, 남북으로 15.5m이며, 근원 주위는 2.5m이다. 응석사 경내 뒤편에서 자라고 있다. 통일신라 말9세기경 도선국사가 무환자 열매를 먹으면 전염병을 예방하고, 늙지 않고 오래 살며 가정의 나쁜 일을 쫓아 준다 하여 심었다고 한다. 그러나 실제 나이는 이 전설과는 사뭇 다르다. 수관도 빈약하고 경남 기념물 중에서는 수령과 수세 등이 빈약해 보이지만 무환자나무는 절에서 주로 볼 수 있으며 그리 흔한 나무는 아니라는 점에서 그런대로 가치가 있다고 하겠다. 또 이 무환자나무에 정성을 드리면 아들을 낳을 수 있다는 전설이 전해진다.

덧붙이는 말

정평리 무환자나무는 응석사라는 전통 사찰 경내에 있으므로 마땅히 응석사 무환자나무라 불려야 할 것이다. 오랜 기간 이런 노거수를 관리해 오고 소유하고 있는 사찰 입장에선 이름도 제대로 갖지 못하는 억울함이 해소되어야 할 것이다.

• 진주 동례리 느티나무晋州 東禮里 느티나무

경상남도 기념물 제108호(1991. 12. 23. 지정)
수량 1주
소재지 경남 진주시 금곡면 동례리 1234-10
소유자
관리자

현황

진주시 금곡면 동례리의 느티나무는 마을 동쪽 편 들 가운데 서 있었는데 지금은 마을이 확장되어 마을에 인접해 있다. 나무의 높이는 30m이고 가슴높이 줄기둘레는 670cm에 달한다. 경남 기념물 표지판엔 둘레가 610cm로 기록되어 있는데 1991년 지정 당시 측정했다고 보면 26년간 60cm가 더 굵어진 셈이다. 나이는 550~600년 정도로 추정되며 수관樹冠이 넓게 확장되어 있어 웅장한 모습을 보이고 있다. 전형적인 정자나무로 농사에 지친 마을 사람들의 쉼터 역할을 해 온 나무로 나무 주변에는 오래전부터 휴식을 위한 공간이 마련되어 있었다. 예전에는 마을을 지키는 수호신으로 여겨 해마다 정월 대보름에 마을의 평안을 기원하는 제사를 지냈으나 1970년대 새마을 사업으로 인해 그 풍습이 없어졌다고 한다.

전해 내려오는 말에 의하면, 동례마을 강안골[현 금곡중학교 뒤편]에서 옮겨 심었다고 하며, 봄에 모든 가지의 잎이 활짝 피면 풍년이 들고 가지별로 시름시름 피면 흉년이 든다고 한다.

• 거제 외간리 동백나무巨濟 外看里 동백나무

경상남도 기념물 제111호(1991. 12. 23. 지정)
수량 2주
소재지 경남 거제시 거제면 외간리 444
소유자 국유
관리자 거제시

현황

외간리 동백나무는 원래 개인의 집터 안에 자리하고 있었지만 지금은 매입하고 주변이 정리되어 마을 안의 작은 언덕 위에 있다. 동서로 두 그루의 나무가 마주보고 서 있다고 하여 마을 사람들은 부부나무라고 부른다. 문화재청 자료와 현지의 안내판에는 나무의 나이를 200년 정도로 보고 있으나 너무 적게 잡은 것으로 생각되며 필자가 보기로는 300년 정도로 추정된다. 높이 7m, 가슴높이줄기둘레 2.3m, 수관 폭은 동서로 7m, 남북으로 6m에 이른다. 나무가 건강하고 가지와 잎이 무성해서 당당한 모습을 보이고 있다. 마을 사람들은 부부나무를 가정의 화목과 마을의 안녕을 지켜 주는 수호목으로 신성시 여겨 해마다 섣달 그믐날이면 이 나무 아래에서 동제를 지낸다.

• 거제 명진리 느티나무巨濟 明珍里 느티나무

경상남도 기념물 제113호(1991. 12. 23. 지정)
수량 1주
소재지 경남 거제시 거제면 명진리 220
소유자
관리자

현황
마을 앞 들 가운데에서 자라고 있는 거제 명진리의 느티나무는 나이가 600년 정도로 추정된다. 높이 14m, 가슴높이줄기둘레 7.7m, 수관 폭은 동서로 23m, 남북으로 20m에 이른다. 높이 1m 부위에서 사방으로 굵은 가지가 뻗어 있어 마치 커다란 녹색 우산을 펼쳐 놓은 것 같은 모습을 하고 있어 수형이 웅장하고 멋지다. 신라 시대 명지현이 있던 곳에 자생하고 있던 이 나무는 옛날부터 사람들이 모여 그늘에서 길쌈을 하고 새끼를 꼬는 등 여름철 일터와 더위를 피하는 정자나무 역할을 했다고 한다.

이곳 사람들은 이 느티나무가 마을을 지키는 수호목이라고 믿어 마을에 시집오는 새색시에게 제일 먼저 이 나무 밑에 와서 고신제를 지내게 했다고 하며, 이 나무가 보이는 여러 현상으로 길흉을 점치기도 했다고 한다. 가지와 잎이 무성하고 건강한 상태를 유지하고 있다.

• 산청 평지리 은행나무山淸 坪地里 은행나무

경상남도 기념물 제115호(1991. 12. 23. 지정)
수량 1주
소재지 경남 산청군 신등면 평지리 1957-7
소유자
관리자 평지리

현황

은행나무는 살아 있는 화석이라 할 만큼 오래된 나무로 우리나라, 일본, 중국 등지에 분포하고 있다. 우리나라에는 중국에서 유교와 불교가 전해질 때 같이 들어온 것으로 전해지고 있다. 가을 단풍이 매우 아름답고 병충해가 없으며 넓고 짙은 그늘을 제공한다는 장점이 있어 정자나무 또는 가로수로도 많이 심는다.

산청군 평지리의 은행나무는 나이가 500년 정도로 추정된다. 높이 18m, 가슴높이줄기둘레 4.25m, 수관 폭은 동서로 20.5m, 남북으로 15.4m 퍼져 있다. 열매는 타원형인 반면에 씨는 둥근 점과 나뭇가지가 뻗어 있는 선이 다른 은행나무보다 둔한 점이 특징적이다.

유래

조선 초 두문동 72현賢 중의 한 사람인 김준金俊이 이곳에 낙향하여 고려 신하로서 충절을 지키며 살고 있었다. 어느 날 꿈속에 한 신선이 나타나 "저 앞산에 있는 은행나무를 동리 안으로 옮겨 심으면 마을이 태평하고 후손이 번창할 것이다"라는 계시를 하여 마을 앞산의 은행나무를 마을 안 개울 옆으로 옮겨 심었더니 과연 그와 같이 됐다는 전설이 있다. 이러한 연유로 마을 사람들은 이 나무를 마을의 수호신으로 보호하고 있다. 은행나무 노거수는 대개 암나무인데 이 은행도 암나무로 지금도 많은 열매를 맺고 있다.

• 밀양 무안리 향나무密陽 武安里 향나무

경상남도 기념물 제119호(1992. 10. 21. 지정)
수량 1주
소재지 경남 밀양시 무안면 무안리 903-2
소유자 국유
관리자 밀양시

현황

향나무는 우리나라 중부 이남을 비롯해 울릉도와 일본 등에 분포하고 있으며, 상나무, 노송나무로도 불린다. 이 나무는 강한 향기를 지니고 있어 제사 때 향을 피우는 용도로 쓰이며 정원수 및 공원수로 많이 심는다.

밀양시 무안리의 향나무는 무안리 표충비각 뜰 한가운데에 위치하고 있다. 나이는 300년 정도로 추정되며, 높이 1.5m, 가슴높이 둘레 1.1m이다. 향나무는 원래 곧게 자라는 성질을 가지고 있는데, 이 나무는 원줄기를 자르고 옆 가지를 팔방으로 뻗게 하여 녹색의 큰 나무 양산을 펼쳐 세워 놓은 것 같은 모습으로 다듬고 가꾼 형태이다. 이와 같은 모양으로 가꿔진 향나무는 전국에서 이곳밖에 없다.

유래를 보면 1738년에 사명대사의 5대 법손法孫인 남붕선사南鵬禪師가 사명대사의 표충비表忠碑를 세운 기념으로 심었다고 한다.

밀양 무안리의 향나무는 오랜 세월 사람들의 관심과 보살핌 속에서 자라온 희귀한 형태의 나무이므로 도 기념물로 지정됐다.

• 하동 범왕리 푸조나무河東 凡旺里 푸조나무

경상남도 기념물 제123호(1993. 1. 8. 지정)
수량 1주
소재지 경상남도 하동군 화개면 범왕리 산 114-3
소유자 국유
관리자 하동군

현황

푸조나무는 느릅나무과에 속하는 낙엽활엽교목으로 우리나라 남쪽 지방에서 자라는 수종이다. 곰솔, 팽나무와 함께 소금기 섞인 바닷바람에 잘 견디기 때문에 바닷바람을 막아 주는 방풍림에 적당하다. 팽나무와 비슷해서 곳에 따라서는 개팽나무라 불리기도 한다.

하동 범왕리 푸조나무의 나이는 500년 정도로 추정되며, 높이 25m, 가슴높이줄기둘레 6.25m, 수관 폭은 동서로 25.9m, 남북으로 29.2m에 이르는 거목이다. 최치원 선생이 신라 말 혼탁한 세상을 등지고 지리산으로 들어가 더

러워진 귀를 씻었다는 세이암洗耳岩 건너편에서 자라고 있다.

이 나무가 세이암 건너편에 자리하게 된 전설이 전해지는데, 최치원 선생이 지리산 신흥사로 들어갈 때 꽂아 두었던 지팡이에서 싹이 자란 나무라고 하며, 선생은 이 나무가 살아 있으면 나도 살아 있을 것이고 이 나무가 죽으면 나도 죽을 것이라고 말했다고 한다. 현재 이 나무는 마을의 정자나무 구실을 하고 있다.

- 거창 연수사 은행나무居昌 演水寺 銀杏나무

경상남도 기념물 제124호(1993. 1. 8. 지정)
수량 1주
소재지 경남 거창군 남상면 무촌리 40-1
소유자 연수사
관리자 연수사

현황

거창 연수사 은행나무의 나이는 600여 년 정도로 추정되며, 높이 38m, 둘레 6.6m이다. 연수사演水寺 대웅전으로 오르는 계단 옆 경사지에 서 있으며 수나무이다.

연수사 은행나무의 유래에 관해서는 두 가지 이야기가 전하는데 신라의 고승 원효대사가 심은 나무라는 이야기가 있다. 또 다른 이야기는 연수사의 젊은 여승이 열 살 난 유복자 아들과의 이별을 아쉬워하면서 아들은 전나무를, 어머니는 이 은행나무를 심고 서로의 안녕을 빌며 이별했다고 전한다. 이때 심었다는 전나무는 1980년경 강풍으로 부러져 없어졌고 은행나무만 홀로 남아 연수사를 지키고 있다.

• 합천 오도리 이팝나무陝川 五道里 이팝나무

경상남도 기념물 제134호(1993. 12. 7. 지정)
수량 1주
소재지 경남 합천군 가회면 오도리 619
소유자
관리자 합천군

현황

오도리 이팝나무는 수령이 약 650년 정도로 높이가 15m, 수관 폭은 동쪽으로 9.5m, 남쪽으로 6.8m, 서쪽으로 9.6m, 북쪽으로는 7.5m에 이르고 지상 1m 부위에서 줄기가 두 갈래로 갈라졌다. 이들 각각의 가슴높이줄기둘레는 3.9m와 3.3m이고 뿌리목의 줄기둘레는 7.3m에 이른다. 이같은 실측 값은 문화재청의 공식 자료와는 큰 차이가 있어 단순한 측정오차로는 보기 어렵고 어떤 착오가 있었던 것으로 보인다.

오도리 한골마을 앞 한길 가 2m 높이의 언덕 위에 자리하고 있으며 예로부터 마을을 지켜 주는 당산목으로 모셔져 왔고 여름에는 정자나무의 구실을 하고 있다. 꽃이 피어도 벌과 나비가 날아들지 않아 기이하다고 하며, 이 나무에 꽃이 활짝 피면 풍년이 든다는 말이 전해 오고 있다.

• 창녕 사리 배롱나무 군昌寧 舍里 배롱나무 群

경상남도 기념물 제149호(1995. 5. 2. 지정)
수량 35주
소재지 경남 창녕군 계성면 사리 산11
소유자 사유
관리자 영산신씨 문중

현황

배롱나무는 부처꽃과에 속하는 나무로 중국이 원산으로 꽃은 7~9월에 붉은색으로 피는데 꽃이 피어 있는 기간이 길어서 백일홍이라고도 하나 국화과의 백일홍과 구별하기 위해 목백일홍이라고도 한다. 우리 선조들은 이 나무를 부귀영화를 주는 나무로 여기기도 했다.

창녕 사리의 배롱나무 군은 임진왜란 때 영산과 창녕에서 의병장으로 활약했던 신초 장군이 서기 1600년경에 계성면 사리에 정자를 짓고 노후를 보내면서 정자 주변에 심은 나무로 현재 10그루가 남아 있다.

덧붙이는 말

1600년경에 심었다면 400여 년 전인데 실제 나무의 수령은 100년 남짓 정도로 추정된다. 가장 큰 나무도 수령을 150년 이상으로 보기는 어려울 듯하다. 배롱나무는 모주의 뿌리목에서 후계목이 흔히 자라므로 원래 심은 나무는 모두 죽고 지금의 배롱나무는 모두 후대에 모주에서 자라난 나무로 추정된다. 역사적 인물과의 관계를 감안하더라도 경남 기념물로 삼기엔 수령과 나무의 크기가 너무 왜소한 감이 든다. 따라서 이 배롱나무 군이 도 기념물로서의 가치가 있는지 냉정히 평가해 볼 필요가 있다고 본다. 문화재청 자료에는 35주가 있다고 하지만 지금 남아 있는 나무는 10그루 정도에 불과하다.

• 거창 원천 느티나무居昌 原泉 느티나무

경상남도 기념물 제197호(1997. 12. 31. 지정)
수량 1주
소재지 경남 거창군 가조면 장기리 772-1
소유자 국유
관리자 거창군

현황

거창 원천의 느티나무는 나이가 500년 정도로 추정되며, 나무의 높이는 35m이고, 가슴높이줄기둘레는 7.8m이다. 가지의 길이는 동쪽 17.3m, 서쪽 16m, 남쪽 17.7m, 북쪽 17.5m이다. 1480년경 당시 훈도였던 전경륜全敬倫이 이 마을에 터를 처음 잡으면서 마을이 풍수지리상으로 배 모양이기 때문에 돛대가 될 느티나무를 심으면 마을이 번영하고 많은 인재가 배출될 것이라 하여 심게 됐다고 한다. 임진왜란 때에는 의병들이 이 나무 아래에서 훈련을 했으며 작전을 세웠다고 전해지고 있다. 노거수임에도 상태는 양호한 편이다. 폐교된 가조초등학교 가산분교장의 운동장 남서쪽에 홀로 서 있다.

• 거창 무촌리 은행나무居昌 茂村里 은행나무

경상남도 기념물 제198호(1997. 12. 31. 지정)
수량 1주
소재지 경남 거창군 남상면 무촌리 1344-49
소유자
관리자 무촌마을

현황

나이는 400년 정도로 추정된다. 줄기가 크게 3갈래로 갈라져 있어 마치 세 그루의 나무처럼 보이며 뿌리목에서 다시 분지하여 전체적으로 8개의 줄기로 되어 있다. 그중 가장 굵은 줄기의 가슴높이 둘레는 5.6m에 이른다. 전하는 말에 의하면 옛날 한 고승이 연수사를 다녀오던 길에 이곳 마을 앞에 심은 것이라 한다. 연수사의 은행나무는 수나무이고 무촌리의 은행나무는 암나무로서 멀리 서로 마주 보면서 짝을 이루어 종자를 맺게 된다고 한다. 주민들은 이 나무를 마을 수호의 신목으로 여기고 소원 성취를 위해서 이 나무 아래에서 치성을 드리기도 한다. 정월 대보름에는 온 동민들이 모여서 당제를 올리며, 당제가 끝나면 대동회를 개최하여 덕망 있는 유사 두 사람을 선정하는데, 유사는 1년간 은행나무 보호 관리와 이듬해의 제수를 마련하는 일을 수행한다.

거창 무촌리 은행나무는 오랜 세월 조상들의 삶과 함께 살아온 생물학적 역사의 자료로서 가치가 인정되어 기념물로 지정하여 보호하고 있다.

• 남해 당항리 느티나무南海 唐項里 느티나무

경상남도 기념물 제199호(1997. 12. 31. 지정)
수량 1주
소재지 경남 남해군 남면 당항리 1503-4 외 3필
소유자
관리자 남해군

현황

당항리 느티나무는 마을 앞 들판 가운데에 서 있는데 나이는 500년 정도로 추정되며 나무의 높이는 25m이고, 가슴높이줄기둘레는 7.1m이다. 가지 길이는 동쪽 17.2m, 서쪽 18.5m, 남쪽 15.6m, 북쪽 16.2m이다. 주변에 나무의 성장을 방해할 다른 나무가 없어 홀로 웅장한 수관을 이루고 있다. 오랜 세월 동안 이 마을의 모임 장소와 휴식처로 사용되고 있으며, 마을 사람들은 이 나무를 신목으로 여기며 해마다 정월 보름날에 무사태평과 풍년을 기원하는 당산제를 지내고 있다.

남해 당항리 느티나무는 희로애락의 숱한 세월을 지나 지금까지 버티고 서 있는 터줏대감 같은 나무로 문화적 가치가 커서 기념물로 지정됐다.

• 남해 죽전리 비자나무南海 竹田里 비자나무

경상남도 기념물 제200호(1997. 12. 31. 지정)
수량 1주
소재지 경남 남해군 남면 당항리 1997 외 4필
소유자
관리자 남해군

현황

상록침엽대교목인 비자나무는 크게 자라고 또 수명이 길다. 죽전리 비자나무의 높이는 18m이고, 나무의 나이는 600년으로 추정된다. 가슴높이줄기둘레는 7m이고, 가지의 길이는 동쪽 12m, 서쪽 14m, 남쪽 9.5m, 북쪽 10.2m이다.

이 비자나무는 죽전마을 앞을 흐르고 있는 개울가에 서 있고 줄기는 지상 1.5m 부위에서 세 갈래로 갈라져 있다. 이 나무의 뿌리 부근 바위틈에서 솟아나는 샘물을 이곳 사람들은 약수라 해서 무병장수의 신비한 물로 여겨 왔다고 하는데 상수도가 보급되고 난 후로는 식수로 사용하지 않는다고 한다.

1970년대 새마을 사업으로 마을 안길을 내면서 뿌리와 가지의 일부가 절단된 바 있으나 건강에 큰 문제는 없다. 죽전마을은 임진왜란 이후 청주한씨가 들어와 살기 시작하면서 농경으로 삶을 영위했으며 한때 80여 호로 번성한 마을이었으나 지금은 호수가 반쯤으로 줄었다. 이곳 사람들은 비자나무의 종실을 장내 기생충 구제약으로, 또 변비 치료에 쓰고 있다.

• 함양 금대암 전나무咸陽 金臺庵 전나무

경상남도 기념물 제212호(1998. 11. 13. 지정)
수량 1주
소재지 경남 함양군 마천면 가흥리 산17-1
소유자 금대암
관리자 금대암

현황

금대암 전나무는 지리산을 바라보며 우리나라 국토의 척추라 할 백두대간의 끝자락에 위치한 금대암 절 아래에 우뚝 서 있다. 나무의 나이는 600여 년 정도로 추정되며, 나무의 높이가 40m, 둘레가 2.92m로 우리나라 전나무 중에서는 가장 나이가 많고 큰 나무로 알려져 있다.

유래

금대암은 해발 고도 630m 지점에 위치하는 산중 암자로 신라 태종무열왕 때 행우조사가 창건했다고 한다. 금대암은 정면으로 지리산의 주능선과 천왕봉이 한눈에 들어오는 '최고의 지리산 전망대'로 꼽히는 곳이다. 따라서 예부터 지리산을 조망하려는 사람들의 발길이 끊이지 않았다고 한다. 지금은 콘크리트로 포장된 찻길이 나 있어 금대암까지 승용차로 오를 수 있지만 꼬불꼬불하고 매우 가파르며 좁은 길을 2km 가까이 올라야 한다.

금대암은 한국 전쟁 때 불타버렸고 지금 건물은 그 이후에 재건된 것이다. 암자 뒤편에는 나말 여초에 세워진 아주 작은 삼층 석탑이 남아 있는데 경남 유형문화재 제34호로 지정됐다.

• 함양 도천리 소나무咸陽 道川里 소나무

경상남도 기념물 제213호(1998. 11. 13. 지정)
수량 1주
소재지 경남 함양군 병곡면 도천리 717번지
소유자 사유
관리자 진양하씨 문중

현황

함양 도천리 소나무는 나이가 350년 정도로 추정되며, 높이는 10m, 둘레는 2.8m이다. 수관이 20m에 달해 나무의 키에 비해 수관 폭이 매우 넓으며 크기가 아주 큰 나무는 아니지만 수형이 매우 좋은 나무이다. 마치 용이 우물에서 하늘로 올라가는 형상을 한다고 하여 용천송龍天松이라고도 한다. 이곳 도천리는 조선 초기의 문신인 하륜河崙, 1347~1416의 후손들이 대대로 살던 마을로 하활의 아들인 하맹보河孟寶 선생이 우물 뒤에 터를 잡고 살았다. 그 부인이 매일 새벽 이 우물에 정화수를 떠 놓고 남편과 아들을 위해 두 손 모아 빌었는데, 남편은 충, 효, 예를 갖춘 공신이 됐으며, 그의 아들 하제河悌도 군자감을 지냈다고 한다. 아들 하제가 어머니의 정성을 기리기 위해 우물 옆에 심은 소나무가 바로 이 도천리 소나무로, 자라면서 점차 용이 승천하는 모습으로 변해 갔다고 한다. 특이한 것은 이 소나무 둥치 쪽에 우물이 있는데 아무리 심한 가뭄에도 마르지 않는다고 한다.

• 통영 매물도 후박나무統營 每勿島 厚朴

경상남도 기념물 제214호(1998. 11. 13. 지정)
수량 1주
소재지 경남 통영시 한산면 매죽리 201
소유자
관리자 통영시

현황

후박나무는 난대성 상록수로 울릉도와 제주도 및 남쪽 섬에서 자란다. 나무의 껍질은 약재로 쓰이며 나무가 웅장하고 아름다워서 정원수, 공원수 등에 이용되며 바람을 막아 주는 방풍수로도 심어지고 있다.

매물도 후박나무의 나이는 300년 정도로 추정되며 높이는 22m, 가슴높이 줄기둘레 3.9m이다. 지상 1.5m 부위에서 수간이 두 갈래로 갈라졌는데 북쪽 수간의 줄기둘레는 2.48m, 남쪽 수간의 줄기둘레는 2.6m이다. 수관 폭은 동서 18m, 남북으로 22m에 달하며 건강 상태가 양호하다. 후박나무 바로 옆에 위치한 높이 4m, 너비 3m의 커다란 바위와 함께 마을의 수호신으로 섬겨지는 당산목堂山木이다. 마을의 젊은이들은 군에 입대할 때나 멀리 다른 고장으로 갈 때는 이 나무를 찾아 무사하기를 기원했다고 한다. 정월 대보름에는 후박나무 아래에서 당산제堂山祭를 지내는데 제관은 집안에 궂은일을 당하지 않은 마을 사람 중에서 뽑으며 당산제가 끝나면 온 마을 사람들이 풍물을 울리면서 집집마다 돌아가며 지신밟기를 한다.

• 합천 성산리 느티나무陜川 城山里 느티나무

경상남도 기념물 제240호(2002. 2. 14. 지정)

수량 1주

소재지 경남 합천군 쌍책면 성산리 598번지

소유자 문화류씨 장령공파 대종회

관리자 합천군

현황

합천 성산리 느티나무는 나이가 약 500년 정도로 추정되며 높이 25m, 둘레 6m 10㎝이다. 주위에는 이 나무보다 크기가 작고 나이가 적은 느티나무 네 그루가 함께 정자 숲을 이루고 있다. 이 나무들 중앙에는 이 나무와 같은 크기였을 것으로 보이는 느티나무 한 그루가 죽어서 그루터기만 남아 있고 옆에는 썩다 남은 줄기 일부가 남아 있다. 크기가 작고 수령이 낮은 주변의 느티나무는 건강한 편이지만 경남 기념물로 지정된 느티나무는 안타깝게도 수간의 상당 부분이 썩고 공동이 생기는 등 상태가 극히 나쁘며 태풍이라도 만나면 수간이 부러질 우려도 있고 부러지지 않더라도 오래지 않아 고사할 것으로 보인다.

유래

성산리 느티나무는 15세기 중엽 문화류씨 류맹지柳孟智, 1404년 출생 선생이 황강변에 법성정法聖亭이란 정자를 짓고 후학을 가르치면서 심은 나무로 전한다. 법성정은 선생의 호이기도 하다. 이곳의 느티나무 숲은 황강변의 풍치를 돋보이게 하면서 또 홍수의 피해를 막아 주고 마을 사람들의 휴식처 역할을 해 왔다. 느티나무가 있는 이곳은 옛날부터 최근까지 합천 북부 지방 사람들이 황강을 배로 건너서 남쪽의 초계 지방을 오가는 큰 나루터였던 곳이나 황강에 다리가 놓인 지금 이 나루터에는 옛날의 북적거리는 모습은 간데없다. 지금은 황강변 쪽으로 4m 높이의 콘크리트 옹벽이 30m에 걸쳐 있어 더 이상 황강의 범람은 일어나지 않지만 강 건너편에서 바라보는 숲의 풍치는 예나 다름이 없다.

마을 주민들은 정월 대보름이면 왼새끼를 꼬아 나무에 두르고 무색 비단천을 이 느티나무에 매달고 나무 아래에서 동제를 지낸다고 한다. 인근의 백산서원은 류맹지 선생과 그의 부친인 류희柳羲를 배향하고 있다.

• 하동 청룡리 은행나무河東 靑龍里 銀杏

경상남도 기념물 제253호(2004. 3. 18. 지정)
수량 1주
소재지 경남 하동군 옥종면 청룡리 267
소유자
관리자 중촌마을회

현황

청룡리 은행나무는 수령이 약 600여 년으로 수고 38m, 가슴높이줄기둘레 10.6m에 수관 폭은 남북 25m, 동서 19m나 되는 거목으로 경상남도에서는 가장 굵은 나무이다. 생육 상태를 보면 나무의 원줄기는 고사했고, 원줄기 옆에서 돋아난 맹아지 8개가 붙어 자라 하나의 큰 줄기를 형성하고 있다. 큰 줄기 8개 주변에는 그보다 작은 14개의 줄기가 자라고 있으며 또 그 밖으로는 아주 작은 줄기가 수없이 돋아나 자라고 있어 매우 특이한 모습을 보이고 있다. 마을 사람들은 원 나무의 둘레에 아들과 손자 나무 3대가 함께 자라고 있다고 비유하기도 한다. 마을 사람들에 의하면 청룡리 은행나무는 신령스러워 세상에 큰 변고가 있을 때 나무가 울음소리를 내어 알려 준다고 한다. 은행나무가 있는 중촌리와 인근 상촌리 및 주포리 마을 사람들은 매년 음력 2월 초하루에 은행나무 앞에서 동제를 지내 마을의 무사 안녕을 빌고 있으며 이와 별도로 옥종면에서는 2000년부터 은행나무 축제를 개최하여 다양한 문화행사를 열고 있다.

• 하동 정금리 차나무河東 井琴里 茶나무

경상남도 기념물 제264호(2006. 1. 12. 지정)
수량 1주
소재지 경남 하동군 화개면 정금리 산74
소유자 사유(오시영)
관리자 하동군

현황

우리나라에 차나무가 전래된 것은 신라 흥덕왕 3년828년 당나라에 사신으로 갔던 김대렴 공이 귀국 길에 차나무 종자를 가지고 오면서이다. 왕명에 따라 이 종자를 지리산 일원에 심어 쌍계사 일원은 우리나라 차나무 시배지가 됐고 이미 경상남도 기념물 제61호로 지정되어 있다.

하동군 정금리 차나무는 정금리 회강이골 해발 약 200m의 산중턱에 계단식으로 조성된 차밭의 중상부에 생육하고 있었으며 도 기념물 지정 당시의 수고는 4.2m, 지표면 부분의 나무둘레는 57cm, 수관 폭은 5.6m이며 수령은 200년 정도 되었던 것으로 추정된다(문화재청 자료는 100년 생으로 추정하지만 너무 적게 잡은 것으로 보인다). 우리나라에서 가장 굵고 큰 차나무였으나 2010년 겨울의 혹한에 고사하고 말았다.

덧붙이는 말

지금은 죽었으니 수령이 큰 의미가 없지만 문화재청 자료는 정금리 차나무의 수령을 100년생으로 기술하고 있으나 나무가 고사하고 남은 그루터기로 판단해 보면 수령 200년 정도는 됐던 것으로 추정된다. 차나무는 성장이 무척 느린 나무라 교목성이라고 해도 이 정도로 자라려면 100년으로는 어림이 없다고 본다. 나무의 수령에 관해서는 문화재로 지정한 전문위원보다 오히려 차나무에 정통한 마을 주민과 소유주의 판단이 옳다고 여겨진다.

차나무는 뿌리목에서 지속적으로 새 가지가 자라나며 줄기가 크게 굵어지지 않는 관목성의 성질을 가지고 있다. 따라서 교목처럼 줄기가 굵은 정금리 차나무는 매우 특이한 형질을 가진 차나무로 가치가 있는 데다 나이를 많이 먹은 노수였지만 수십 년만의 한파가 몰아친 지난 2010년도 겨울에 애석하게도 고사하고 말았다. 고사하여 그루터기만 남아 있으니 도 기념물로서의 가치는 진작에 사라졌는데도 아직까지 도 기념물로 지정된 채로 남아 있어 문화재 관리가 제대로 되고 있는지 의구심만 든다. 하루빨리 지정을 해제함이 마땅하다고 하겠다.

• 산청 청송사 소나무山淸 靑松寺 소나무

경상남도 기념물 제275호(2010. 6. 17. 지정)
수량 1주
소재지 경남 산청군 시천면 중산리 309 외
소유자 청송사
관리자 청송사

현황

지리산 등산로의 기점이 되는 산청군 시천면 중산리에 있는 불교 사찰인 청송사의 입구에 버티고 서 있는 이 소나무는 수령이 약 400~500년으로 추정된다. 높이 17m, 가슴높이줄기둘레 3.9m에 달하며 전체적으로 수관이 넓고 가장 큰 가지는 남쪽으로 벋어 내려 뿌리목보다 더 낮게 아래쪽의 계곡으로 드리우고 있어 무척 아름다운 수형을 보이고 있다.

신라 말의 학자이자 문장가인 고운 최치원 선생이 이곳에 소나무를 심었으나 당시 심은 나무는 고사하고 그 후 다시 식재한 것이 지금의 청송사 소나무라고 전해 오고 있다.

2-3. 비지정 노거수

이 책에서 비지정 노거수라 함은 천연기념물이나 광역시도 기념물로 지정된 노거수를 제외한 노거수를 의미하며 여기엔 시·군 보호수 등도 포함했다. 시·군 보호수는 지정 과정이 체계적이지 않아 시·군 보호수로 지정된 나무보다 수령이 더 오래되고 큰 나무도 지정에 빠지는 경우도 많아 크게 의의를 두기 어렵다고 봤기 때문이다. 여러 그루의 노거수가 모여 마을숲을 이루고 있는 경우도 많은데 그런 경우 마을숲 자체가 보호 가치가 크므로 숲 단위에서 서술했고 편의상 노거수 한 그루씩을 별도로 언급하지 않았다. 다만 문화재 지정 가치가 높은 것으로 판단되는 문림리 상수리나무와 외추마을 느티나무 등 몇 주는 별도로 서술했다. 도 기념물급 주요 노거수는 우선순위대로 나열했고 그 외 비지정 노거수는 시·군별 가나다 순으로 정리했다.

가. 도 기념물 이상 문화재 지정 가치가 높은 노거수 및 희귀수목

경남의 비지정 노거수 중 적어도 도 기념물 이상으로 지정하여 보호할 가치가 크다고 생각되는 노거수를 골라 우선순위대로 제시해 본다. 여기서 제시되는 목록은 단순한 나무의 크기나 나이순으로 따진 것이 아니며 수령과 나무의 크기 외에도 수종의 희소성과 기념물로서의 가치가 큰 것을 고려했다.

• 창원시 대산면 북부리 팽나무창원시 의창구 대산면 북부리 102-1

우리나라에서 가장 큰 팽나무 중 하나로 꼽힐 거대한 팽나무이다. 낙동강변 언덕 위에 자리 잡고 있는데 독립수라 수형이 아주 좋으나 언덕 위 돌출된 곳에 있어 낙뢰의 우려가 크다. 가슴높이줄기둘레는 680cm에 달하며 수고는 15m에 이르고 수관 폭도 27m에 달하는 거목이다. 수령은 600년 정도로 추정된다. 노거수 팽나무 아래엔 작은 암자인 당선암이 있고 경내에도 200년생 정도의 팽나무 노거수가 있다. 거목 팽나무는 북부리의 당산목으로 매년 음력 정월 초하루에 당산목에 동제를 지냈다. 제관은 마을 사람 중 부정한 일이 없는 사람을 골라 선정하는데, 선출된 제관은 정성을 다해 각종 금기를 엄격히 지켜야 한다. 그런데 마을에 좋지 않은 일이 일어나면 제관의 탓으로 돌리곤 하는 바람에 1990년대 중반부터 마을에 제관을 맡으려는 사람이 없자, 마을 사람들이 기금을 모아 당산나무 옆에 자리한 당선암 승려에게 동제를 맡기게 됐고 당선암 승려가 동제를 주관하여 지내고 있다 한다.

• 통영 충렬사 후피향나무경남 통영시 명정동 213

충렬사 후피향나무는 삼문 아래 있는데, 가슴높이줄기둘레가 120cm, 높이 11m의 노거목이다. 나무의 크기만 보면 대수롭지 않게 생각할 수 있지만 후피향나무는 성장이 매우 느리고 대개 관목형으로 자라며 크게 지라지 않는 성질을 가지므로 이 정도만 해도 대단한 크기의 나무다. 또 제주도 원산으로 추위에 약하여 섬 지방이나 남부 해안 지방에 국지적으로 분포하므로 흔치 않은

나무이며 특히 노거수는 유례가 없다. 충렬사 후피향나무는 수종 자체가 노거수로서 희소성이 크고 수령도 300년 정도로 추정되는 대단한 나무라 할 수 있다. 느티나무, 은행나무, 회화나무, 팽나무, 푸조나무 등은 노거수가 아주 많고 천연기념물이나 도 기념물로 지정된 나무가 많지만 후피향나무 중에서는 시도 기념물급 이상으로 지정된 나무는 없다. 이 후피향나무는 천연기념물로 지정된 느티나무나 은행나무 노거수 이상으로 보호 가치가 큰 나무로 생각되는 보기 드문 노목이요 거목이므로 천연기념물이나 도 기념물로 지정하여 적극적으로 보호하고 잘 관리할 필요가 있다.

• 통영 충렬사 금목서 세 그루 경남 통영시 명정동 213

충렬사에는 금목서 노목이 3주 있는데, 사당 동편에 있는 금목서는 가슴높이줄기둘레가 170cm에 키는 9m 정도이다. 사당 서편에 있는 금목서는 가슴높이줄기둘레가 170cm에 높이는 8m에 달한다. 삼문 아래 있는 것은 가슴높이줄기둘레가 110cm에 2줄기로 갈라졌으며 나무 높이는 10m에 달한다.

이 세 그루의 금목서는 모두 같은 시기에 심은 것으로 생각되는데 보기 드문 노목으로 수령이 250~300년 정도로 추정된다. 금목서는 추위에 약하여 식재지가 경남과 전남 등 남부 지방에 국한되므로 보기 흔한 나무가 아니다. 또한 성장이 느린 데다 대개 줄기가 여럿 생기는 관목형으로 자란다. 충렬사 금목서처럼 교목형으로 줄기가 굵게 자란 나무는 보기 어려우며 우리나라에서 거의 유례가 없다. 이휘재(1966)에 의하면 금목서는 일제 강점기에 우리나라에 도입됐다는데 충렬사 금목서의 수령은 아무리 낮게 잡아도 200년 이상이므로 금목서의 도입은 일제 강점기 이전으로 보는 것이 타당할 것으로 생각된다. 충렬사 금목서는 우리나라의 금목서 중에서 아마도 최고령이고 가장 큰 나무로 추정되는 데다 충렬사를 지키고 있는 역사성도 있어 마땅히 도 기념물 이상의 보호수로 지정하여 잘 보호하고 관리할 필요가 있다.

충렬사 사당 동편의 금목서.

충렬사 사당 서편의 금목서.

충렬사 삼문 앞 금목서.

• 합천군 율곡면 문림리 상수리나무율곡면 문림리 224-1

호연정이 있는 문림리에는 상수리나무와 느티나무가 주를 이루는 노거수 마을숲이 있다. 이 중에서 가장 큰 상수리나무는 가슴높이줄기둘레가 455cm에 달하며 수령은 350년 정도로 추정된다. 상수리나무로서는 매우 보기 드문 거목이다. 울퉁불퉁한 수간 또한 특이하며 나무의 건강 상태도 아주 좋다. 상수리나무가 이 정도로 큰 경우는 보기 어려우므로 천연기념물 또는 경남도 기념물 이상으로 지정하여 보호할 필요가 있다.

• 산청 율곡사 감나무산청군 신등면 율현리 1034 율곡사

산청군 신등면 율곡사 경내에는 감나무 노거수가 두 그루 있는데 대웅전으로 오르는 입구의 가장 큰 감나무는 가슴높이줄기둘레가 290cm나 된다. 줄기의 중앙부는 썩어 동공이 일부 생기기도 했으나 감나무의 건강에는 큰 문제가 없고 여전히 감이 열리고 있다. 수령은 350년 이상 된 것으로 추정된다. 이 정도의 감나무 노거수는 흔치 않으므로 보호수로 지정하여 잘 보호할 필요가 있다. 축대 위쪽에는 또 다른 한 그루의 감나무 노거수가 있는데, 가슴높이줄기둘레 200cm에 수령은 250년생 정도로 추정된다.

• 창원 진북면 외추마을 느티나무경남 창원시 마산합포구 진북면 추곡리 892

외추마을의 당산 숲은 느티나무 4주와 팽나무 3주로 구성됐는데 당산 숲 전체도 보호 가치가 높지만 이 중 가장 나이 먹고 큰 느티나무는 수령이 약 500~600년으로 추정되며 수형 또한 느티나무로는 매우 특이한 모습을 보이고 있다. 줄기가 지상에서 높지 않은 곳에서 두 갈래로 갈라지고 다시 여러 갈래로 갈라져 마치 어린이들이 놀기 좋도록 자란 듯하다.

• 고성군 마암면 삼락리 전승목고성군 마암면 삼락리 산 108-4

마암면 삼락리 평부마을 14번 국도변에 있는 푸조나무 노거수로 수령은 약 500년 정도로 추정된다. 보호수 안내판 한 곳에는 수령을 약 400년으로 다른 곳에는 500년으로 설명하고 있는데 400년은 너무 낮게 잡은 듯하다. 수고는 25m이다. 바로 옆에는 수령이 150~200년으로 추정되는 느티나무가 있고 수령이 100년생 정도의 푸조나무도 한 그루 더 있다. 임진왜란 때 이순신 장군이 이곳에 배를 매어 두고 패퇴하여 육지로 도망치는 왜적을 무찔렀다는 전설이 있어 전승목이라 한다. 또 이 나무를 삼신목, 당산목이라고 하는데 삼신은 산신, 수신, 목신을 일컫는 말이다. 오래전부터 당산나무로 마을 주민이 정성을 다하여 보호하고 섬겨 온 나무로 1970년에는 마을 주민 이대명 씨가 자신의 논 1,332㎡(403평)을 동제답으로 희사하여 당산제를 지내는 데 드는 비용을 충당하게 했다고 한다. 당산제는 매년 정월 대보름날 삼찬을 갖추어 지내는

데 제관으로 뽑힌 사람은 7일간 매일 목욕재계하며 외출을 삼가고 다른 사람과 접촉도 금하며 근신한다고 한다. 당산제를 지내기 전에 마을에 초상이 나는 등의 흉사가 생기면 부정 탄다고 하여 2월 초하루로 날짜를 늦추어 당산제를 지낸다고 한다.

• 통영시 도산면 덕치마을 느티나무 통영시 도산면 관덕리 871

마을 가운데 있는 느티나무 노거수로 보호수 안내판에는 수령 370년에 수고 25m, 나무둘레 7.5m로 설명되어 있다. 어마어마하게 큰 나무인데 수령은 너무 적게 잡은 것으로 생각되며 수령 500년 내지 600년 정도 된 것으로 보인다. 수형도 좋고 나무의 건강 상태도 양호하여 도 기념물급 이상의 가치가 충분한 노거수이다.

• 의령 정곡면 성황리 산 34-1 소나무 의령군 정곡면 성황리 산 34-1

성황리 마을 뒷산 언덕 위에 있는 천연기념물 성황리 소나무 주위에는 천연기념물로 지정된 소나무 외에도 소나무 노거수가 12그루 더 있는데 그중 큰 한 그루도 경상남도 기념물급 소나무로 보호수 지정이 필요하다. 이 소나무는 키가 천연기념물 소나무보다 훨씬 크며 아주 우람하고 잘 생겼다. 가슴높이줄기둘레는 320cm 정도에 지상 4m 높이에서 쌍간으로 갈라졌으며 전체적으로 매우 우람하여 이 일대 소나무의 대장처럼 보인다. 수령은 약 300년으로 추정된다.

나. 보호수급의 주요 노거수

거창군

- **수승대 느티나무 6주**거창군 위천면 황산리 741-9

위천을 따라 느티나무 노거수 6주가 있으며 수승대교 바로 옆에 있는 가장 큰 느티나무의 가슴높이줄기둘레는 480cm로 수령 약 350년 정도로 추정된다. 구연서원 담 밖에 있는 느티나무 노거수는 건강 상태가 좋지 않으며 수간이 대부분 썩어 수술과 충전을 해서 수령을 가늠하기 어려우나 500년 이상으로 추정된다.

수승대교 옆 느티나무.

구연서원 옆 느티나무.

위천변 느티나무.

• 수승대 은행나무 2주 거창군 위천면 황산리 741-9

수승대는 안의삼동의 하나인 원학동에 위치한 경승지로 옛날부터 수많은 사람들이 찾았던 곳이다. 거북바위와 위천의 맑은 계류 등 자연 경관이 뛰어나며 섬솔을 위시하여 주변에는 숲 또한 울창하고 노거수도 많이 남아 있다.

은행나무 노거수는 두 그루가 있는데 동쪽에 있는 한 그루는 2000년에 보호수로 지정됐다. 가슴높이줄기둘레가 770cm에 이르며 외과수술을 했으나 아직도 건강한 상태를 유지하고 있다. 보호수 안내판에는 가슴높이줄기둘레가 6m로 기록되어 있는데 수간의 썩은 부위를 외과 수술하고 충전하면서 줄기가 이전과 달라졌을 수도 있다. 수령은 약 500년으로 추정된다.

서쪽에 서 있는 은행나무 노거수는 가슴높이줄기둘레가 420cm이며 수령은 약 300년 정도로 추정된다. 2006년에 보호수로 지정됐으며 외과 수술을 받은 흔적이 있고 현재 일부 가지에만 듬성듬성 잎이 날 정도로 상태가 좋지 않으며 고사 직전의 위기에 빠져 있다.

고성군

• **동해면 내곡리 팽나무** 고성군 동해면 내곡리 1691

1010번 지방도 바로 옆에 있는 팽나무 노거수로 독립수여서 수형이 웅장하다. 가슴높이줄기둘레가 415cm로 수령은 약 300년으로 추정된다. 바로 앞에는 바다가 있다. 지역 주민들이 신목으로 여기며 기도처로 이용하고 있는지 기도 행위를 금하는 땅 주인의 경고판이 있어 훼손이 우려된다.

• **하일면 송천리 팽나무** 고성군 하일면 송천리 218

350년생 정도의 팽나무 노거수로 1010번 지방 도로변에 있다. 정자나무 옆은 논이고 그 너머엔 바다가 있다.

남해군

• 삼동면 동천리 화천마을 팽나무남해군 삼동면 동천리 1564-1

동천리의 3번 국도변에 인접해 있는 팽나무 노거수로 아주 건강하고 수형이 웅장하다. 가슴높이줄기둘레가 530cm로 수령은 400년 정도로 추정된다. 동신목으로 마을 주민들이 고사를 지내는데 나무 바로 앞에 제단을 차리지 않고 약간 떨어진 곳에 별도의 제사 공간을 마련한 것이 특징이다.

• 서면 남상마을 곰솔남해군 서면 남상리 1166-8

1024번 지방도에 인접해 있으며 남상마을회관 바로 앞에 서 있다. 아직 노거수 티가 나기보다는 한창 자라는 장령목의 기세가 느껴지지만 수령이 300년생은 되어 보인다.

• 서면 중리 곰솔남해군 서면 남상리 685

1024번 지방 도로변의 작은 언덕 위에 서 있으며 주변은 농경지이다. 수령은 200년생 정도로 보이며 수형이 아름답다.

• 서면 노구리 곰솔남해군 서면 노구리 산 42-3

77번 국도에 인접한 경작지 가운데 서 있는데 옆으로 울퉁불퉁 근육질의 굵은 줄기가 많이 벋어 역사力士 같은 느낌이 든다. 보호수 안내판에는 수령을 200년생 정도로 설명하고 있지만 수령이 300년 정도 되는 것으로 보인다.

밀양시

• 무안면 죽월리 느티나무 밀양시 무안면 죽월리 683

느티나무는 마을 앞 30번 국도변에 있으며 수고 18m, 가슴높이줄기둘레가 650cm 정도에 수령은 500년 정도로 추정된다. 마을의 당산나무로 숭상받았다. 이 느티나무를 포함해 죽월리 마을엔 두 그루의 당산목이 있는데 다른 한 그루는 뒷산에 있는 향나무로[무안면 죽월리 산 10번지 소재] 최고령목은 수십 년 전에 고사했으나 지금도 당제를 지내고 있다고 한다. 이전에는 마을 주민들이 매년 정초에 당제를 지냈으나 10여 년 전부터는 인근 암자의 스님이 지낸다고 한다. 당제는 먼저 향나무에 지내고 다음에 느티나무에 지낸다.

마을 뒷산의 향나무는 지금은 죽은 그루터기만 남아 있는데 그루터기만 보아도 수백 년은 족히 되는 노거수 향나무로 천연기념물 감이었으나 죽은 게 아쉽다. 죽은 지 수십 년은 된 듯 상당히 썩었으며 부근엔 보다 작은 향나무 두 그루가 살아 있다. 전체적으로 여섯 그루 중 네 그루가 죽고 두 그루가 남았다. 생존한 나무의 수령은 크기로 보면 200~250년 정도로 추정된다. 마을 사람들은 지금의 향나무는 죽은 나무뿌리에서 자란 것이라 믿고 있으나 향나무는 뿌리에서 움이 자라는 경우가 없으므로 아마 약간 후대에 심었거나 같은 시기에 심었지만 생장이 느렸던 것으로 추정된다.

산청군

• **율곡사 감나무**산청군 신등면 율현리 1034

산청군 신등면 율곡사 경내에는 감나무 노거수가 두 그루 있는데 대웅전으로 오르는 입구의 가장 큰 감나무는 경남 기념물급 이상의 가치가 있는 노거수로 앞에서 언급한 바 있다. 축대 위쪽에는 또 다른 감나무 노거수가 있는데, 가슴 높이줄기둘레 200cm에 수령은 250년 정도로 추정된다.

의령군

- **대의면 행정리 은행나무 두 그루**의령군 대의면 행정리 449

대의면에는 두 그루의 은행나무 노거수가 있는데 약간 떨어져 있지만 같은 지번이다. 두 그루 모두 보호수로 지정됐다. 마을회관 옆에 있는 은행나무는 줄기가 6개로 자랐으며 우람한 수자樹姿를 보이고 있는데 6개 줄기가 거의 서로 붙을 정도로 근접하여 자랐다. 수고는 35m이며 여섯 개의 줄기 전체를 포함하여 가슴높이의 둘레를 재면 11m에 달한다.

민가에 인접한 은행나무는 수고 20m에 가슴높이줄기둘레가 575cm이다. 이 두 그루의 은행나무는 모두 미수 허목 선생이 심었다고 전한다. 미수 허목 선생이 심었다는 사실을 근거로 하면 약 400년생 정도 되는 셈이다. 두 그루 모두 나무의 크기도 크고 수령이 오래됐으며 허목 선생이 심었다는 연고도 있는 등, 도 기념물로 지정해도 손색이 없는 나무이다.

• 세간리 당산목 굴참나무 의령군 유곡면 세간리 산 58

세간리의 마을 뒷산 중턱에 있는 굴참나무로 마을 당산목이기도 하다. 세간리에서는 매년 음력 정월 초열흘에 동신제를 지내는데 당산목으로 삼고 있는 나무는 총 세 그루로 맨 먼저 마을 뒷산에 있는 굴참나무 노거수에 당산제를 지내고 그다음에 은행나무, 마지막에 현고수라 불리는 느티나무 순으로 동신제를 지낸다. 이 당산목 굴참나무는 가슴높이줄기둘레가 325cm 정도로 은행나무와 느티나무에 비하면 크기와 수령이 못 미치지만 수령 250년 정도의 거목이다.

진주시

• **금곡면 신담마을 느티나무**진주시 금곡면 검암리 1206-1

진주에서 금곡을 잇는 1009번 지방 도로변에 있는 정자나무로 마을의 쉼터 역할을 해 왔다. 진주시에서 보호수로 지정한 나무로 높이 16m에 가슴높이줄기 둘레가 520cm에 달한다. 1992년에 세운 보호수 팻말엔 수령 400년으로 추정하고 있는데 현재 나이는 450년 정도로 추정된다.

창원시

- **대산면 유등리 팽나무 두 그루** 창원시 의창구 대산면 유등리 181-5

외딴 민가의 대문 앞에 수문장처럼 서 있는 팽나무 노거수로 큰 나무의 가슴높이줄기둘레는 515cm 정도로 수령은 450년으로 추정된다. 이 나무 뒤로는 낙동강이 내려다보인다.

민가가 가까이 들어서 있어 나무가 잘린 흔적이 있고 그 때문에 수간이 썩어 들어갈 우려가 크다.

• 제덕동 괴정마을 팽나무창원시 진해구 제덕동 620-1

괴정마을의 남쪽 민가에 인접해 있다. 이 마을에서 가장 나이 많은 노거수로 수령은 350~400년생 정도로 추정된다. 가슴높이줄기둘레가 440cm에 달하며 수관도 우람하고 당당하게 자란 거목이다. 이 나무를 당산나무로 삼아 함께 당산제를 지냈을 것으로 짐작했으나 마을의 할머니들은 당산에서만 제를 지내지 이 팽나무는 당산제를 지내는 대상이 아니었다고 한다. 바다를 터전으로 하는 사람들이 많은 바닷가에선 바다가 바라다 보이는 것을 당산의 조건으로 삼았을 것이라 추정된다.

• 진북면 내추마을 감나무창원시 마산합포구 진북면 추곡리 산 214-1

가슴높이줄기둘레가 170cm 정도의 노거수 감나무로 내추마을로 들어가는 도로변에 서 있다. 수령은 약 250년 정도로 추정된다.

• 진북면 부산리 느티나무창원시 마산합포구 진북면 부산리 119-1

수령이 400년 이상으로 추정되지만 주민들의 통행에 방해가 되어 잘랐는지 나무가 잘리고 일부는 썩어 현재의 크기는 수령에 비해 작아 보인다. 마을 입구 도랑가에 있으며 뿌리 일부는 도랑까지 벋어 있다.

- **진전면 양촌리 느티나무** 창원시 마산합포구 진전면 양촌리 513

진전면 양촌리 개양마을 들판 가운데 독립수로 있어 거리낌 없이 자랐고 수형이 웅장하고 나무도 아주 건강한 상태이다. 수령이 500년 정도로 추정되는 노거수로 가슴높이줄기둘레가 550cm에 이른다.

• 진전면 양촌리 453-6 느티나무 창원시 마산합포구 진전면 양촌리 453-6

수령이 400년 정도로 추정되며 가슴높이줄기둘레가 440cm 정도이다. 마을 가운데 길 옆에 있으며 들판 가운데 있는 느티나무와 약 200m 정도 떨어져 있다.

• **진전면 소포마을 팽나무 노거수 두 그루** 창원시 마산합포구 진전면 시락리 소포마을 104-2[가정집 마당의 것], 105-1번지[소포마을회관 인근의 것]

시락리 104-2번지 팽나무.

시락리 105-1번지 팽나무.

소포마을회관 인근에 팽나무 노거수가 두 그루 있는데 한 그루는 공터에 있으나 한 그루는 가정집 마당 안에 있다. 마당에 있는 것은 줄기를 강하게 잘라 수령에 비해 키가 아주 작다. 가지가 두 갈래로 갈라져 자랐으며 수령은 350년생 정도로 추정된다. 마을 공터에 있는 것은 원래의 줄기가 고사하고 다시 자란 흔적이 있으며 지금 살아 있는 줄기의 수령은 200년생 정도로 추정된다.

통영시

• 욕지면 연화리 우도의 구실잣밤나무 통영시 욕지면 연화리 188-2

우도의 작은 마을 뒷산 언덕 위에 랜드마크처럼 서 있는 구실잣밤나무로 뿌리목에서 1m 높이 부근에서 7간으로 갈라져 매우 우람한 수형을 이루고 있다. 구실잣밤나무 바로 뒤[북서편]에는 쓰러져 가는 폐가가 있다. 뿌리목 둘레는 3.8m 정도로 수령 약 300년생으로 추정된다. 주변에는 칡, 송악, 기타 여러 종류의 수목들이 빽빽하게 우거져 있어 조사 자체도 힘들 정도이고 구실잣밤나무의 생존에도 큰 위협이 되고 있다.

• 욕지면 연화리 우도의 후박나무통영시 욕지면 연화리 산 18-27

통영 우도에는 천연기념물로 지정된 후박나무와 생달나무가 있는데 그 후박나무 말고도 후박나무 노거수가 또 있다. 천연기념물 후박나무가 있는 곳에서 마을을 지나쳐 마을 뒷산 정상부에 서 있는 후박나무로 수령은 약 250~300년생으로 추정된다. 줄기는 2갈래로 갈라져 가슴높이줄기둘레는 의미가 적고 뿌리목 둘레는 3.7m에 달한다. 이 후박나무 부근은 이전에는 경작지였으나 지금은 경작을 하지 않으니 칡과 송악 등 덩굴식물이 후박나무를 타고 오르는 등 환경이 열악하여 나무의 생존에 큰 위협이 되고 있다. 후박나무 노거수는 그 수가 많지 않으므로 보호수로 지정하여 주변 덩굴 식물들을 제거하고 잘 보호할 필요가 있다.

함양군

• 벽송사 소나무 함양군 마천면 추성리 산 18-19

벽송사 뒤편 언덕에 서 있는 소나무로 가슴높이줄기둘레는 120cm에 수고는 35m에 달하며 수령은 250년 정도로 추정된다. 수형이 우람하고 아주 좋으며 나무의 건강 상태도 좋다.

• 안의면 이전리 오봉 느티나무 함양군 안의면 이전리 321

안의면 이전리는 풍수지리상 포란형의 길지로 이전에 이곳에 봉황의 알을 상징하는 5개의 봉우리를 조성하여 오봉이라 불렀는데 오봉 느티나무는 그 오봉 중 한 곳에 서 있다. 가슴높이줄기둘레는 525cm이며 수령은 450년으로 추정된다.

전해 오는 말에 의하면 인근의 지곡면 개평리에 살던 일두 정여창 선생이 젊은 시절 말을 타고 처가인 서하면 봉전리로 향하던 중 관북에서 때마침 정월 대보름날 제를 올리던 마을 주민에게 강제로 말에서 끌어내려져 제사에 절을 하는 봉변을 당한 적이 있는데 이를 두고두고 수치로 여기던 일두 선생이 급제 후 안의현감으로 부임하자 오봉을 파괴하여 버렸다고 한다. 오봉이 파괴된 후 마을에 불길한 일들이 이어지고 재물이 쌓이지 않자 마을 사람들은 오봉을 파괴한 탓이라 여겼는데 일두 선생이 이임하고 후임 현감이 오자 오봉을 재건하게 됐으며 그 후로 마을이 번영하게 됐다고 한다.

합천군

• 삼가면 어전리 느티나무 합천군 삼가면 어전리 876-1

어전리 신평마을 앞의 들 가운데 있는 느티나무 노거수로 군 지정 보호수이다. 안내판에는 수령을 250년생으로 기록했으나 가슴높이줄기둘레가 610cm에 이르는 거목으로 비교적 기름진 경작지에 인접해 있는 것을 감안하더라도 450년생 이상 될 것으로 보인다. 경작지에 그늘을 드리우는 탓에 가지를 일부 자른 흔적이 있으나 나무는 건강한 편이다.

• 삼가면 학리 느티나무합천군 삼가면 학리 896

학리 들 가운데 서 있으며 보호수로 지정된 느티나무로 수고 18m, 가슴높이 줄기둘레는 515cm이다. 수령은 400년으로 추정된다.

• 율곡면 문림리 호연정 은행나무 2주율곡면 문림리 224-1

호연정 북편 은행나무.

인지문 옆 은행나무.

호연정의 동쪽 출입문인 인지문 옆에 서 있는 은행나무는 가슴높이줄기둘레가 460cm에 달한다. 나무의 크기로만 추정하면 수령은 약 350~400년 정도로 보이는데 이요당二樂堂 주이周怡 선생1515~1564이 직접 심었다고 하니 450년 정도 되는 셈이다. 이 은행나무는 여전히 건강한 모습이다.

호연정의 정면 맞은편 가장자리에 서 있는 또 한 그루의 은행나무는 가슴높이줄기둘레가 475cm에 달하며 수령은 450년 정도로 추정되는데 이 나무 역시 주이 선생이 손수 심었다고 전한다. 줄기 대부분은 고사하여 일부분만 살아 명맥을 유지하고 있을 정도로 건강 상태가 좋지 않다.

• 율곡면 문림리 호연정 상수리나무 2주율곡면 문림리 224-1

호연정 경내 북쪽 비탈진 곳에는 상수리나무가 다수 있는데 이 중 가장 큰 나무 2주는 각기 수령이 250년 및 150년으로 추정된다. 상수리나무는 노거수가 매우 드문 편이라 이 정도의 나이 먹고 큰 나무도 드문 편이다.

• 율곡면 문림리 호연정 배롱나무 2주율곡면 문림리 224-1

호연정 경내엔 위의 은행나무와 상수리나무 외에도 수령 150년 정도의 배롱나무 노목 2주가 있다. 호연정 경내에는 은행나무와 상수리나무, 배롱나무 외에도 약 100년생 정도의 느티나무 2주, 소나무 1주, 주엽나무 1주, 회화나무 1주가 있다. 호연정은 경내는 물론이고 호연정 밖의 문림마을로 들어가는 진입로 변에도 다양한 수종의 노거수가 우거져 있어 보호 가치가 매우 큰 곳이다.

• 율곡면 문림리 느티나무 2주율곡면 문림리 224-3

호연정 숲에서 조금 벗어난 남쪽 언덕에도 느티나무 노거수가 2주 있는데, 각기 가슴높이줄기둘레가 470cm 및 380cm에 달한다.

3. 부산광역시 및 울산광역시의 노거수

3-1. 천연기념물 지정 노거수

부산광역시에서 천연기념물로 지정된 노거수로는 양정동 배롱나무, 좌수영 성지의 곰솔 및 푸조나무 등 3건이 있다. 울산광역시의 경우 노거수로는 구량리 은행나무가 유일하게 천연기념물로 지정됐다.

• 부산 양정동 배롱나무釜山 楊亭洞 배롱나무

천연기념물 제168호(1965. 4. 7. 지정)
수량 2주
소재지 부산 부산진구 양정1동 산73-28
소유자 동래정씨 문중
관리자 동래정씨 문중

현황

배롱나무는 부처꽃과에 속하는 나무로 중국이 원산지이다. 꽃은 7~9월에 붉은색 또는 흰색으로 피며 꽃이 피어 있는 기간이 길어서 백일홍 또는 목백일홍이라고도 한다.

부산의 배롱나무는 부산진구 양정 전철역에서 1.5㎞ 떨어진 화지공원 내에 두 그루가 자라고 있다. 문화재청 자료는 나무의 나이를 800년 정도로 추정하고 있으나 실제 200년 정도로 추정된다. 고려 중엽 때 동래정씨의 2세로 안일호장安逸戶長을 지낸 정문도鄭文道 공의 묘소 앞 좌우에 한 그루씩 심은 것으로 원줄기는 죽고 동쪽 그루에는 4개의 줄기가, 서쪽 그루에는 3개의 줄기가 새로 자라 거목을 이루고 있다. 동쪽 그루는 높이 7.2m, 가슴높이줄기둘레 60~90cm이고 서쪽 그루는 높이 6.3m, 가슴높이줄기둘레 50~90cm 정도이다.

덧붙이는 말

수령이 800년이라 하지만 실제 원래의 나무는 죽고 그 뿌리목에서 움이 자란 나무라 지금 이 나무의 수령을 800년이라고 하는 것은 무리가 있고 심은 지 800년 된 나무라고 해야 옳다고 본다. 지금 남아 있는 나무의 수령은 200년 정도로 보는 것이 타당할 것이다. 원래 배롱나무는 뿌리목에서 맹아가 잘 발생하며 원대가 죽어도 원대에서 발생한 맹아지가 후계목이 되어 원대 주위에서 자라는 경우가 매우 흔하다. 물론 원대가 죽고 수령이 줄어든 것은 아쉽긴 하지만 그래도 이 나무의 역사성과 가치가 크게 훼손되지는 않는다고 본다.

• 부산 좌수영성지 곰솔釜山 左水營 城址 곰솔

천연기념물 제270호(1982. 11. 9. 지정)
수량 1주
소재지 부산 수영구 수영동 229-1
소유자 부산시 수영구
관리자 부산시 수영구

현황

곰솔은 소나무과로 잎이 소나무 잎보다 억세고, 소나무의 겨울눈은 붉은색인데 반해 곰솔은 회백색인 것이 특징이다. 주로 바닷가에 자라기 때문에 해송으로도 부르며, 줄기 껍질의 색이 소나무보다 검다고 해서 흑송이라고도 한다. 바람과 염분에 강하여 바닷가의 바람을 막아 주는 방풍림이나 방조림으로 많이 심는다.

부산 좌수영지의 곰솔은 나이가 400년 정도로 추정되며 높이 23.6m, 가슴높이줄기둘레는 4.5m이며 수관 폭은 동서로 19m, 남북으로는 21.7m로 현재

수영공원 안에 있다. 높이 약 7m 지점에서 줄기는 두 갈래로 갈라지며 수피는 거북의 등처럼 갈라져 있다.

조선 시대에는 이곳에 좌수영左水營이 있었는데 그 당시 군사들은 이 나무를 군사를 보호해 주고 지켜 주는 신성한 나무로 여겨 나무에게 자신이 무사하기를 기원했다고 한다. 옆에는 신을 모셔 놓은 당집과 장승이 서 있고, 앞쪽에는 곰솔 한 그루가 더 있다. 좌수영 성지에는 천연기념물 곰솔 외에도 보호수로 지정된 노거수 곰솔이 세 그루나 더 있다.

• 부산 좌수영성지 푸조나무釜山 左水營 城址 푸조나무

천연기념물 제311호(1982. 11. 9. 지정)
수량 1주
소재지 부산 수영구 수영동 271외 4필
소유자 부산시
관리자 부산시 수영구

현황

푸조나무는 서해안을 따라 경기도까지 분포하지만 주로 따뜻한 지방에 자란다. 곰솔, 팽나무와 함께 소금기가 섞인 바닷바람을 잘 견디기 때문에 해안에 심어 바닷바람을 막아 주는 방풍림에 적당하다.

수영공원 동쪽 비탈에서 자라고 있는 부산 좌수영성지 푸조나무는 나이가 500년 정도로 추정되며, 뿌리목에서부터 2개의 수간을 형성하고 있어 마치 두 그루가 붙어 자라는 것처럼 보인다. 이런 연유로 노부부목이라고 부르기도 하는데 북쪽을 할아버지 나무, 남쪽을 할머니 나무라고 한다. 나무의 높이는 18m, 수관 폭은 동서로 23m이고 남북으로는 19m이다. 이 나무의 유래는 알려져 있지 않고, 마을을 보호해 주는 당산목으로 여기고 있다. 마을 사람들은 나무에 할머니의 넋이 깃들어 있어 나무에서 떨어져도 다치지 않는다고 믿고 있다.

지정 이유

부산 좌수영성지의 푸조나무는 오랜 세월 동안 조상들의 관심과 보살핌 가운데 살아왔으며, 민속적·생물학적 자료로서의 가치가 높아 천연기념물로 지정·보호하고 있다.

• 울주 구량리 은행나무蔚州 九良里 은행나무

천연기념물 제64호(1962. 12. 7. 지정)
수량 1주
소재지 울산광역시 울주군 두서면 구량리 860
소유자 국유
관리자 울주군

현황

구량리의 은행나무는 수령이 약 550년 정도로 추정되며, 둘레 8.37m, 높이 22.5m이다. 현재 구량리 중리마을 논밭 가운데 서 있으며, 2003년 태풍 매미로 인해 수관의 1/3 정도가 훼손됐다.

약 500년 전에 한성부 판윤을 지낸 이지대李之帶가 벼슬을 그만두고 이곳에 내려올 때 서울에서 가지고 온 나무를 자기 집 연못가에 심었던 것이라고 전해지고 있다. 이지대 선생은 고려 후기의 유명한 학자이자 정치가인 익재益齋 이

제현李齊賢 선생의 4대손으로 경상도 수군만호로 있으면서 왜구를 물리치기도 했고 벼슬이 높아져 한성판윤에 이르렀다. 1452년 수양대군이 김종서, 황보인 등을 죽이고 안평대군이 강화로 유배되는 등 정치가 어지러워지자 벼슬을 버리고 이곳 구량리로 낙향하여 살게 됐다 한다. 나무 밑의 썩은 구멍에 아들을 못 낳는 부인들이 정성을 들여 빌면 아들을 낳을 수 있다는 전설이 전해 오고 있다. 은행나무 옆에 비석이 있는데 '한성부판윤죽은이공추허비漢城府判尹竹隱李公追墟碑'라고 적혀 있다. 지금은 농부들이 일을 하다가 휴식을 취하는 정자나무 구실을 하고 있다. 1981년 나무의 수명을 더욱 연장시키기 위하여 밑의 구멍을 메우는 외과 시술을 했고 현재 나무가 쓰러지는 것을 막기 위하여 거대한 철 구조물을 세워 나무를 지탱하고 있을 정도로 나무의 건강 상태는 좋지 않은 편이다.

3-2. 시 기념물 지정 노거수

부산광역시에서는 죽성리 해송과 동부리 회화나무 등 2건의 시 기념물로 지정된 노거수가 있으나 울산광역시는 지정된 것이 없다.

• 기장 죽성리 해송機張 竹城里 海松

부산광역시 기념물 제50호(2001. 5. 16. 지정)
수량 6주
소재지 부산 기장군 기장읍 죽성리 249
소유자
관리자 기장군

현황

죽성리 해송은 원래 6그루가 있었지만 태풍으로 한 그루가 죽어 현재는 다섯 그루의 나무가 모여 마치 한 그루의 큰 나무처럼 보인다. 수령은 약 300년으로 추정된다. 해송 종류로서는 좀처럼 보기 드문 빼어난 수형을 가지고 있으며 황학대라 불리는 죽성항 뒤편 언덕 위에 위치하고 있어 경치가 매우 뛰어나 주변에서 보면 그 모양이 매우 아름답고 웅장하다. 그중 한 그루는 300여 년 가까이 지탱해 온 자신의 무게를 견디지 못하고 땅에 의지하고 있는 듯한 모습이다. 가장 키가 큰 나무의 높이는 20m, 가슴높이줄기둘레는 3.5m이며 전체적인 수관樹冠 폭은 30m 정도이다.

예로부터 동네 사람들이 음력 정월 보름에 풍어를 기원하는 풍어제를 지냈을 뿐 아니라 서낭신을 모신 국수당이 있어 마을의 안녕을 기원하는 장소로 민속적인 유래도 깊은 곳이므로 문화재적 가치가 높은 자료이다.

유래

기장 죽성리 해송이 있는 이곳은 400여 년 전 국가 기원제를 지내기 위해 세운 국수대가 있었다고 한다. 국수대는 서해안과 이곳에만 있었던 것으로, 국가가 혼란에 빠졌을 때 안녕을 기원하는 제를 올렸던 곳이다. 해방이 되고 마을 사람들이 정월 대보름날 당제를 올리기 시작하면서 국수대는 국수당으로 불렸다. 국수대는 처음에는 돌무덤을 쌓고 그 주위에 여섯 그루의 곰솔을 심었다고 전한다. 지금은 다섯 그루의 곰솔만이 남아 있고 돌무덤은 사라졌으며 대신에 당집이 있다. 동네 사람들은 음력 정월 대보름날에 이곳 국수당에서 풍어제를 지내 풍어와 마을의 안녕을 기원했다. 국수당은 몇 차례 다시 지었다고 전해진다. 다른 당산과 다른 점은 매년 당제를 올릴 때마다 제당에 돈을 넣는다는 것이다. 이러한 풍습에 대해 이유는 잘 알려져 있지 않지만, 부산광역시와 경상남도 일대에서는 금정구와 이곳만이 갖고 있는 특이한 모습이라고 한다. 대부분의 바닷가 사람들이 거친 자연에 대한 두려움 탓에 토속 신앙을 많이 믿듯이 이곳 주민들도 서낭신에 대한 믿음이 여전하여 지금도 이곳에 오르면 반드시 국수당과 당산목을 향해 절을 하며 예를 표한다고 한다.

• 기장 동부리 회화나무機張 東部里 회화나무

부산광역시 기념물 제58호(2008. 12. 16. 지정)
수량 1주
소재지 기장읍 동부리 216
소유자
관리자 기장군

현황

회화나무는 우리 선조들이 최고의 길상목吉祥木으로 손꼽아 온 나무로 집안에 심으면 가문이 번창하고 큰 학자나 인물이 나며, 잡귀신이 감히 범접을 못하고 좋은 기운이 모여든다고 하여 우리 선조들은 이 나무를 매우 귀하고 신성하게 여겨 함부로 아무 곳에나 심지 못하게 했다.

회화나무는 회화목懷花木, 회나무, 홰나무, 괴화槐花나무, 괴목槐, 괴수槐樹 등으로도 부르는 활엽수이다. 키 45미터, 지름 3미터까지 자라는 이 나무는 우리나라에서는 은행나무 다음으로 크게 자란다. 수형이 웅장하고 단정하여 품위가 있어 정자나무로도 인기가 있다.

기장 동부리 회화나무는 기장읍성 내 장관청의 남쪽에 위치해 있다. 높이 20m, 수관 폭이 18m에 이르며 수령은 기장현청이 교리에서 옮겨올 때 기념식수한 것이라고 전해지기도 하지만 장관청 뜰에 심은 것으로 보아 장관청 축조와 관련이 있는 것으로 보인다. 예전에는 동제를 지냈다고 하나 이런 풍습은 근년에 들어 사라졌다.

동부리 회화나무는 기장의 역사, 장관청의 역사와 관련성이 있고, 동제의 당집 및 서낭당으로 사용됐으며, 나무 자체의 인문학적 특성, 노거수로서의 식물학적 가치 등 문화유산으로서의 가치가 매우 높다.

3-3. 비지정 노거수

- 부산 괴정동의 회화나무 2-9호

종 목 부산광역시 보호수 2-9번(1993. 10. 2. 지정)
수량 1주
소재지 부산 사하구 괴정동 1244-5 5필
관리 괴정1동장

현황

이 회화나무는 수령이 약 600년으로 추정되며, 1982년 11월 4일 천연기념물 제316호로 지정됐다가 생육 공간이 매우 협소하고 보호 관리가 어려워 1993년 4월 16일 지정이 해제됐으며, 1993년 10월 12일 부산광역시 보호수로 지정됐다.

높이 20m, 가슴높이줄기둘레 6.5m로, 1m 정도의 높이에서 큰 가지가 3갈래로 갈라져 자라고 있다. 가지가 갈라지는 부분은 공동空洞이 생겨 외과 수술로 충전한 흔적이 있다. 나무줄기는 주변 건물과 전선에 영향을 미쳐 잘린 부분이 보인다. 앞쪽으로 회화나무가 한 그루 더 자라고 있는데, 이 회화나무는 바로 옆 전봇대와 전선 주변 건물의 영향으로 많은 부분의 가지가 잘려 나가 제 모습을 갖추고 있지 못하다.

유래

예전엔 이 회화나무가 마을의 안녕을 지켜 준다고 하여 봄가을 연 2회 동제를 지내고 동민 대회를 개최했으며, 나무 아래에서 득남을 빌면 소원이 이루어진다고 믿어 왔다. 이 나무에 얽힌 전설로, 임진왜란 당시 마을 사람들이 나무 아래 모여 '왜군이 물러가게 해 달라'라고 빌었다고 한다. 하지만 누군가의 밀고로 이런 사실이 알려져 왜군이 나무를 베기 위해 마을로 들어왔고, 이때 여러 사람들이 이를 막는 과정에서 많은 사람이 죽고 다쳤는데 왜군이 죽은 사람들을 잘린 나무와 함께 그곳에 묻어 버렸다고 한다. 뒷날 잘린 나무에서 여러 개의 가지가 나왔는데, 가지 수가 죽은 사람들의 수와 같아 마을 사람들이 놀라워하며 나무 아래 우물물을 떠서 음식을 만들어 제사를 올려 죽은 이들을 위로했다는 이야기가 전한다.

회화나무 앞에는 '통샘' 또는 '단물샘'으로 불리는 샘이 있는데 가뭄이 들어도 물이 줄지 않고 맑아 예전에는 주민들이 식수로 이용하기도 했다. 지금은 도로가 생겨 샘에서 내려가는 물길은 보이지 않으나, 도로 건너편에는 아직까지도 이용되고 있는 '큰 새미걸'이라 불린 빨래터가 남아 있다. 현재는 정비가 이루어져 예전 모습은 남아 있지 않으나 여전히 이곳을 이용하는 주민들이 있다. 이 빨래터를 지역 명을 따서 '괴정동 빨래터'라 부르기도 한다. 보호수로 지정된 괴정동 회화나무 두 그루는 괴정1동장이 관리한다.

• 부산 괴정동의 회화나무 2-8호

종 목 부산광역시 보호수 2-8번(1980. 12. 8. 지정)
수량 1주
소재지 부산 사하구 괴정동 1247-35
관리 괴정1동장

현황

수령이 약 620년이고 높이 20m, 가슴높이줄기둘레 6.2m 정도이다. 지표면에서 가지가 7개로 나뉘어 자라고 있어 하나의 나무가 아니라 7그루의 나무가 모여 자라는 것처럼 보인다. 원래 땅속에서 8개의 가지가 자라 팔정자나무라 불렸으나, 태풍 피해를 입어 한 줄기가 부러져 7개의 줄기만 자라고 있다.

유래

이 회화나무는 오래된 수령만큼이나 많은 이야기를 가지고 있다. 조선 말 다대포 고을에 포악한 첨사가 내려온 뒤 주민들이 이곳 정자에서 첨사의 폭정을 이야기하곤 했는데, 이러한 사실을 알아차린 첨사가 누각을 보수한다는 명목으로 8명을 희생시키면서까지 나무를 잘라 버렸다고 한다. 그 뒤 나무가 서 있던 자리에 8개의 가지를 가진 나무가 자라기 시작하여 이곳을 팔정자八亭子라 부른다고 한다.

또 다른 이야기로는 팔정자나무의 아버지뻘 되는 거대한 회화나무가 수난을 당한 것은 조선 어느 임금 때인가는 확실하지 않으나 동래부사가 이곳을 지나다 우연히 이 나무를 발견하고 다대포진 첨사에게 동래부 동헌의 기둥으로 쓰게끔 베라는 지시를 내렸다.

동래부사의 벌목령이 내려졌지만 신주로 모시는 나무에 선뜻 도끼질을 하려는 목수는 아무도 없었다. 그러자 다대포진 첨사가 나무 앞에 사형수에게 내리는 고배상을 차리고 밑둥치에는 '어명御命'이라 쓰인 종이를 붙인 뒤 큰절을 하고 직접 도끼를 들어 왼쪽으로 세 번 도끼질을 했다. 그제야 목수들이 달려들어 나무를 쓰러뜨렸다. 그리고 나무의 밑둥치를 흙으로 덮어 마치 사람의 무덤처럼 만들어 주었다. 이후 신기하게도 이곳에서 새순이 돋아났는데, 그중 8가지만이 자라서 오늘의 팔정자나무가 됐다는 것이다.

팔정자나무 아래에서는 아직도 마을의 무사 평안을 비는 동제가 매년 5월 7일 열린다. 지금의 '괴정동槐亭洞'이란 이름도 팔정자나무가 회화나무, 즉 괴목槐木이어서 붙여진 이름으로 추정된다.

2부

마을숲

제3장 마을숲의 기능과 입지

바닷가 마을의 해변이나 산골과 농촌 마을의 입구나 어귀에는 흔히 숲이 조성되어 있다. 마을숲은 언제라고 딱히 알기 어려울 정도로 오래전부터 조성되어 면면히 내려와 마을의 역사가 되고 상징이 됐고 이정표가 되기도 했다. 또 집성촌의 경우엔 마을의 상징이면서 곧 문중의 상징이기도 했다. 또 동네 가운데나 마을 뒤편에 숲이 있어 마을 사람들의 회합이나 휴식 장소가 되기도 했다.

이러한 숲을 흔히 마을숲이라 불렀는데 이 숲은 목재로 이용하거나 열매 등을 채취하기 위한 숲이 아니며 대부분 자연 숲보다는 인공적으로 조성된 숲이 많다. 따라서 숲을 이루는 수종이 자연 숲에 비해 단순하며 사람들이 적극적으로 보호해 왔기 때문에 오랫동안 보존되어 노거수가 많은 것이 특징이다.

또 자연 숲에서는 극양수 교목 아래에 그늘에 견디는 하층수목이 있고 다시 그 아래에 관목층 및 초본이 자라는 등 다층 구조를 이루고 있는 데 반해 마을숲은 대개 단순한 단층 구조로 되어 있는 특징이 있다.

1. 마을숲의 기능과 종류

예전에는 시골 마을에 마을숲이 아주 흔했으나 새마을 운동 등의 개발과 그 후의 도시화 등으로 인해 수많은 마을숲이 훼손되고 파괴됐다. 그렇지만 아직도 곳곳에 적지 않은 마을숲이 남아 있다.

경남 남해는 마을숲이 많기로 유명하다. 섬이라 바닷바람의 피해가 커서 마을숲이 많이 조성된 데다 도시화의 영향을 덜 받았기 때문일 것이다. 또 태풍의 피해가 큰 바닷가 마을은 경험으로 마을숲이 태풍 등의 기상재해로부터 마을을 지켜 준다는 확신과 믿음이 있기 때문에 마을숲을 보호하려는 의지가 강한 것도 마을숲이 온전히 보존된 이유라 여겨진다. 바닷가 주민들은 어로 등 삶의 환경 자체가 위험하고 실제 자연 재해에 대한 위험도 크므로 자연 민간 신앙을 많이 믿었다. 이러한 믿음은 영적인 능력을 가진 것으로 여겨지는 당산 숲이나 당산나무의 보존과 보호에 매우 긍적적으로 작용해 왔다.

이런 마을숲은 다양한 기원과 기능을 가지고 있다. 이런 기능은 모두 서로 다르고 독립적이라기보다는 오히려 서로 겹치고 복합적인 경우가 많다. 예컨대 마을 입구의 개울이 흘러나가는 곳에 조성된 숲은 홍수 때 넘쳐흐르는 물로부터 농지를 보호하는 성격도 있지만 마을의 지기가 빠져나가는 것을 막아 주는 비보의 기능도 갖게 마련이다. 또 그러한 목적으로 조성된 숲이 어느 정도 세월이 흘러 숲이 우거지고 나무가 나이 들면 자연 당산 숲의 성격까지 가지게 되어 신앙의 대상이 되기도 하며 또 마을 사람들의 휴식 장소가 되는 정자 숲의 역할까지 하게 되는 것이다. 이처럼 마을숲의 기능을 한 가지로 규정하는 것은 상당한 무리가 있다. 다만 이 책에서는 편의상 가장 가까운 성격 한 가지로 마을숲을 국한하여 분석했으며 이러한 구분에는 필자의 주관적 견해가 작용하지 않을 수 없음을 아울러 밝힌다.

• 홍수방지 숲

하천변이나 강가 또는 계곡 주변에 나무를 심어 홍수를 막고 둑을 보호하기 위해 조성한 숲으로 마을숲의 가장 흔한 기원이 된다. 그러나 하천변의 이런 마을숲들은 1970년대 산업화 시기에 보다 튼튼한 제방을 쌓고 하천변을 정비하는 과정에서 많이 사라지고 축소되고 파괴되는 등 원형이 제대로 보존되지 못해 매우 안타깝다. 앞으로는 제방을 고쳐 쌓고 정비하더라도 남아 있는 마을숲의 보전을 최우선시하는 설계와 시공으로 오랜 전통 농경문화를 잘 지켜 가야 할 것이다.

• 방풍 숲

방풍 숲은 마을의 지형상 골바람이 심하여 이런 바람을 막기 위해 심거나, 태풍이 닥치기 쉬운 해안 마을에서 바람과 모래 및 바닷물의 비말飛沫을 막기 위해 조성된 숲으로 특히 바닷가 마을숲은 대부분 방풍 숲의 기능을 가지고 있다. 바닷가 마을숲이 대부분 마을 앞 해변에 조성되어 있는 것은 이런 이유에서다.

홍수방지 숲은 튼튼한 제방의 건설로 필요성이 적어지거나 하천변 정비로 사라진 경우가 많았지만 해안의 방풍 숲은 상대적으로 원형이 많이 남아 있다. 시대가 변해도 태풍의 위력은 꺾이지 않는 데다 숲이 바닷가 가까이 있어 개발 등의 이유로 훼손될 기회도 적었기 때문이다. 게다가 해안 방풍 숲의 효과를 누구보다 잘 알고 있는 주민들이 마을숲 보호에 적극적인 것도 지금까지 많이 남아 있는 이유가 될 것이다. 경남 남해는 전국에서도 마을숲이 많이 남아 있는 대표적인 고장인데 대부분 방풍·방조 숲이라 할 수 있다.

• 비보(裨補) 숲

비보 숲은 풍수지리상 마을의 허한 곳을 보완하거나 지세상의 필요로 조성하고 가꾼 마을숲으로 때로는 바람을 막아 주는 방풍 숲의 역할을 함께하는 경우도 있다. 풍수의 기본은 생기生氣를 잘 타는 것이 중요한데 생기는 바람을 맞으면 흩어지고 물을 만나면 멈추게 된다고 한다. 따라서 생기를 흩어지지 않게 보존하려면 강한 바람이 들이치는 것을 막고 또 바람이 적당히 들어와서 나가지 않게 가두어야 하는데 이를 장풍藏風이라 한다. 지세가 장풍이 되게 좌청룡, 우백호, 북현무, 남주작이 온전하면 그곳이야말로 최고의 명당이라고 보는 것이다. 하지만 실제 그렇게 완벽한 길지吉地는 흔치 않으므로 이 중 허한 곳은 조산을 이루거나 숲을 조성하여 보완하는 것이다.

풍수에서 장풍과 함께 중요한 것이 득수得水로 물은 인간 생활의 기본이자 농사를 짓는 데도 필수 요소이다. 물은 또한 재화財貨를 상징하는데 물이 흘러가 버리면 재물이 흩어지며 물이 머물러야 재물이 모인다고 보았다. 따라서 흐르는 물은 가두어야 하는 것이다. 여기서 물을 가두는 것은 요즘 말로 댐을 만들어 물을 가두는 것과는 조금 다르다. 물을 가두는 것은 어느 정도 상징적인 것으로 흐르는 물이 마을 부근에서 감돌아 천천히 흘러나가거나 모였다 나가면 되는 것이다. 아니면 흘러나가는 것이 시각적으로 보이지 않게 하는 것도 한 방편이 된다. 바로 이처럼 마을의 입구에 물이 흘러나가는 곳을 막아 주는 역할을 하는 숲을 수구막이 숲이라 한다. 수구막이 숲은 풍수지리와 관련된 가장 일반적인 마을숲의 형태이다. 마을 앞에서 흘러나가는 물의 모습을 가려주는 수구막이 숲이나, 또 강한 바람이 들이치거나 흘러나가는 것을 막아 주거나 지세의 허한 곳을 보완하기 위해 풍수상으로 조성된 마을숲 등을 비보숲이라고 한다. 경남 사천 정동면의 대곡숲은 마을 형국이 키처럼 생겨 마치 곡식을 키질할 때처럼 기운이 마을의 허한 서쪽으로 빠져나가므로 이를 막기 위해 마을숲을 조성했다고 한다.

• 염승(厭勝) 숲

염승이란 풍수에서 불길한 기운을 눌러 제압하는 것을 의미하는 것으로 압승壓勝이라고도 한다. 염승의 예로는 경남 합천 해인사에서 남쪽으로 바라보이는 매화산 남산제일봉의 화기火氣 제압制壓을 들 수 있다. 이곳은 화강암으로 된 산 정상이 화기를 갖고 있어 해인사에 화재를 일으키는 요인이 되므로 해마다 오월 단오가 되면 화재를 막고자 해인사 스님들이 이곳 남산제일봉 정상에 소금을 담은 다섯 개의 옹기 단지를 오방五方에 걸쳐 파묻는다고 한다. 다른 예로는 조선 말기 고종 때 경복궁 복원 공사 중에 발생한 화재에 대해 당시 풍수가들은 한양의 조산인 관악이 화산이기 때문에 그 화기가 미쳐 한양에 화재가 잦다고 보고 관악산에 우물을 파고 구리로 된 용을 묻었으며 광화문에 물의 신인 해태를 세워 화기를 제압했다는 이야기가 있다.

이처럼 우리 선조들은 풍수의 불길한 기운을 염승을 통해 다스려 왔다. 경남에서 염승 숲의 예로는 경남 산청군 신등면 모례숲과 사천시 연천숲을 꼽을 수 있다. 신등면 모례숲은 건너편에 있는 단계마을이 바라보이면 마을에 해롭다고 하여 이를 가리기 위해 소나무를 심어 조성했으며 사천시 연천숲은 마을 앞의 산봉우리가 화기를 일으키므로 이를 막기 위해 느티나무와 팽나무 등을 심어 조성했다고 한다.

• 정자 숲

마을의 공동 회합 공간인 공터나 정자 부근에 조성된 마을숲으로 풍치수와 녹음수의 역할을 함께한다. 때로는 서당, 사정射亭 등의 부근에 조성되기도 한다. 정자 숲이라 부르지만 반드시 정자가 함께 있는 것은 아니다. 그저 마을 사람들이 여름철에 모여서 더위를 식히거나 담소하며 시간을 보내는 장소라면 정자 숲이라 부르는 경우가 많았다.

정자 숲에는 정자나 너럭바위 또는 평상 등의 휴식 공간이 있어 농사일에 지친 마을 사람들이 땀을 식히는 장소가 되며 농한기에는 담소와 회합 및 놀이의 장소가 되기도 한다. 더운 여름철 한낮이면 어른들은 낮잠을 자거나 담소를 나누거나 바둑이나 장기를 두기도 하고 아이들은 고누를 두거나 공기놀이를 하곤 했다. 또한 설이나 대보름, 단오나 추석 등의 명절에는 농악패가 신명을 울리는 곳이기도 하고 씨름이나 그네뛰기 등의 각종 민속놀이를 하는 놀이터가 되기도 한다. 정자 숲에는 크고 둥근 들돌이 있어 장정들의 힘자랑 장소가 되기도 했는데 마을에 따라서는 이 들돌을 가슴께까지 들어 올리거나 어깨 위에 메어야 장정 대우를 해 주는 경우도 많았다.

이런 정자 숲의 규모는 대개 방재 숲이나 방풍 숲 및 비보 숲보다 규모가 작아 몇 그루에서 몇 십 그루 정도의 노거수로 이루어진 경우가 많다. 정자 숲을 이루는 가장 일반적인 수목은 느티나무이며 다음으로 팽나무, 푸조나무, 서어나무, 이팝나무, 회화나무 등이 흔하다. 경남 진주시 금곡면 신대마을의 새정숲은 대표적인 정자 숲으로 이전부터 마을 주민들의 휴식처이자 회합 장소였으며 어린이들의 놀이터였다.

• 당산 숲

마을숲 중에는 마을의 안녕과 개인의 행복을 빌고 지켜 주는 당산 숲으로 인식되는 곳도 많다. 당산 숲은 조성 당시부터 토착 신앙적인 이유로 조성되기도 하지만 다른 용도로 조성됐던 마을숲이 세월이 지남에 따라 당산 숲의 성격을 겸하게 되는 경우도 많았을 것으로 보인다. 원래 홍수방지 숲이나 정자 숲 또는 방풍 숲으로 조성됐다 할지라도 세월이 흘러 숲의 나무가 노거수가 되면 당산 숲을 겸하는 경우가 많아진다는 것은 여러 조건들을 분석해 보면 쉽게 유추할 수 있다. 당산 숲은 인공으로 조성된 숲도 있지만 마을 뒷동산에 자연적으로 자라던 자연 숲의 일부 잔존 숲이 당산 숲으로 된 경우도 많다.

당산 숲은 1970년대 새마을 운동이 활발하게 일어나면서 미신 타파 등의 명목으로 파괴된 경우가 많다. 당산 숲이 여전히 많이 남은 곳이 자연 재해가 심하고 생업 자체가 위험한 어로 등을 하는 바닷가 마을이라는 건 흥미로운 일이다. 당산 숲에는 돌무지, 장승, 솟대 등이 함께하는 경우도 많았으나 지금은 대부분 사라지고 말았다.

• 풍치 숲

마을이나 주변 경관을 아름답게 하기 위해 조성된 숲으로 편의상 조성 목적이 분명히 드러나지 않는 마을숲도 여기에 포함시켰다.

• 기타

마을숲으로 남아 있는 것 중에서는 이전에 군사 시설을 은폐하기 위한 용도로 조성된 숲도 있다. 지금도 군부대 주변 등에는 나무를 심고 숲을 조성하여 부대를 가리는 경우가 많은 것과 같은 이유이다. 사천시 대방진굴항의 숲은 지금은 마을 가운데 위치해 주민들의 쉼터 역할을 하고 있는 마을숲이지만 조선시대에는 수군을 위한 시설을 만들고 숲을 조성한 대표적인 군사용 숲이라 할 수 있다.

2. 마을숲의 입지에 따른 분류

마을숲은 말 그대로 마을 주변에 형성된 숲이지만 이를 입지에 따라 좀 더 구체적으로 세분해 볼 수 있다. 마을숲의 입지를 동구 숲, 마을 안 숲, 마을 외곽 숲, 동산 숲, 천변 숲, 해안 숲 등으로 나눌 수 있는데 물론 이런 입지는 절대적인 것은 아니다. 마을 안 숲이지만 천변 숲일 수도 있고 또 동산 숲일 수도 있으며, 마을 외곽 숲이면서 천변 숲이거나 해안 숲일 수도 있는 등 구분이 모호하거나 어느 정도 입지가 겹치는 경우도 있다.

• 동구 숲

마을 입구나 동구 밖에 있는 숲이다. 우리나라 마을은 대개 배산임수로 산을 등지고 앞으로 들이 펼쳐져 있다. 또 평지가 적은 산골마을의 경우는 골짜기를 따라 마을로 들어가게 된다. 따라서 동구는 마을이 외부와 통하는 길목이면서 풍수상으로는 좋은 기운이 빠져 나갈 수 있고 또 나쁜 기운이 들어오는 통로가 되기도 한다. 따라서 이를 막기 위해 수구막이 숲을 조성하는 경우가 많았다. 경남 창원시 내서읍의 안봉대숲, 내서읍의 안성리숲, 창원시 진동면의 동전마을 숲, 통영시 산양면 신전리의 걸망개숲 등은 동구 밖에 조성된 대표적인 동구 숲의 예이다.

• 마을 안 숲

마을 안에 조성된 숲도 많다. 마을 안 숲의 경우 기능적으로는 정자 숲의 역할을 하는 경우가 가장 많지만 당산 숲인 경우도 있고 또 마을이 개울을 끼고 있을 경우에는 홍수방지 숲의 역할도 한다. 정자 숲의 경우 마을 주민의 휴식처이므로 접근성이 좋아야 하는데 대개 마을 안이나 마을 인접한 곳에 있기 마련이다. 마을 안에는 큰 숲이 조성될 정도로 공간이 넓지 않으므로 마을 안 숲은 대개 마을숲 중에서 그 규모가 작은 편이다. 큰 마을에서는 숲에 정자가 있는 경우도 있지만 대개 자연석이나 평석平石 등을 늘어놓거나 평상 등을 놓아 쉼터로 이용하는 경우가 많았다. 진주시 금곡면 신대마을의 정자 숲, 창원시 진북면 추곡리의 외추마을 숲, 통영시 광도면의 노산마을 숲 등은 전형적인 마을 안 숲이다.

• 마을 외곽 숲

마을 주변에 조성된 숲으로 마을의 터지고 개방된 외곽을 둘러싸서 비보 역할을 하는 등 풍수와 관련되는 경우가 많다. 동구 숲과 다른 점은 동구 숲은 입구가 좁은데 반해 마을 외곽 숲은 입구가 넓다는 것이다. 따라서 마을 외곽 숲은 동구 숲보다 그 규모가 큰 경우가 대부분이다. 마을 외곽 숲은 비보 기능 외에 바람으로부터 들판이나 마을을 보호하는 방풍 숲으로 기능하거나 수구막이 숲과 방풍 숲을 겸하기도 하고 풍치 숲으로 기능하기도 한다. 마을 외곽 숲의 예로는 경남 사천시 정동면의 대곡숲, 통영시 도산면 원산리의 원산 마을 숲, 고성군 마암면의 장산숲 등을 들 수 있다.

• 동산 숲

우리나라 마을은 농경지를 보호하기 위해 배산임수의 산기슭에 터를 잡는 경우가 많다. 그러다 보니 마을 뒤로는 자연스럽게 야트막한 야산이나 동산이 있기 마련이다. 이러한 동산에 조성된 숲이 동산 숲이다. 동산 숲은 흔히 산지의 자연 숲과 인접하거나 연결되는 경우가 많아 마을숲으로 인식되지 않는 경우가 있지만 땔나무로 이용하기 위해 벌채하지 않도록 마을 사람들에게 보호를 받았기 때문에 노거수가 많아 주변 임상과 구별된다. 동산 숲은 기능적으로는 방풍 숲이나 비보 숲 및 풍치 숲의 경우가 많으며 둘 이상의 기능을 겸하는 경우도 흔하다. 고성군 마암면 두호리의 두호숲, 거창군 위천면 모동리의 무월숲, 산청군 신등면 모례리의 모례숲, 함양군 지곡면 개평리 송림 등은 동산 숲의 예라 할 수 있다.

• 천변(川邊) 숲

계곡, 개울, 하천 또는 강가에 조성된 숲으로 수해를 방지하고 농토나 마을을 보호하는 기능을 가지는 숲이다. 물은 사람이 살아가는 데 없어서는 안 될 요소이며 농사를 짓기 위해서도 꼭 필요하므로 흔히 물을 얻기 좋은 곳에 마을이 생겼다. 따라서 마을 인근이나 경작지 주변에는 으레 개울이나 하천이 있기 마련이다. 그러나 이런 하천은 때론 홍수가 나서 마을에 막대한 피해를 입히기도 한다. 우리 선조들은 이 같은 홍수 피해를 막기 위해서 개울가에 숲을 조성했다. 천변 숲은 숲을 조성하는 개울의 수량과 크기에 따라 그 규모도 달라지는데 산을 끼고 있는 계곡 등지에 조성된 숲은 비교적 규모가 작지만 하류의 하천이나 강가에는 대규모의 천변 숲이 조성되는 경우가 흔하다. 이러한 천변 숲은 1960~1970년대 이후 근대화 과정에서 튼튼한 제방이 축조되고 경지 정리를 하면서 많이 파괴되고 훼손되기도 했다.

신라 시대에 만들어진 경남 함양군의 상림은 위천渭川을 따라 조성된 홍수 방지 숲으로 유래가 오래된 대표적인 천변 숲이다. 경남 밀양시의 긴늪숲 역시 밀양강의 범람을 막기 위해 조성된 대규모의 천변 숲이다. 또 인곡천의 범람을 막기 위해 조성된 창원시 진북면 지산리의 지산숲, 간덕천변에 조성된 거제시 거제면 옥산리의 옥산숲, 양산천의 홍수를 막기 위해 초산마을 앞에 길게 조성된 양산시 하북면의 초산마을 숲 등도 천변 숲으로 그 예가 헤아릴 수 없이 많다. 천변 숲에서 우리는 숲을 이용해 재해를 극복하려 한 선조들의 지혜를 엿볼 수 있다.

• 해안 숲

우리나라 바닷가 마을은 대개 반농반어의 생활 기반을 가진다. 마을은 산 아래에 모여 있고 마을 앞으로는 그리 넓지 않은 들이 있으며 들 너머로는 바다가 펼쳐진다. 따라서 바다에서 불어오는 조풍이나 모래 바람 및 태풍으로부터 농경지와 마을을 보호하기 위해 숲을 조성하는 경우가 많았다. 바다에서 불어오는 태풍은 육지의 태풍과는 그 위력이 사뭇 다르므로 태풍의 피해를 막는 일은 바닷가 마을에서는 생존의 기반을 지키는 큰 문제일 수밖에 없었다.

해안 숲의 특징은 해변을 따라 직선 또는 곡선형으로 조성되며 그 규모가 산촌이나 농촌의 마을숲보다 훨씬 큰 경우가 많다. 또 바닷가 마을 사람들은 삶의 터전이 되는 바다가 늘 위험을 안고 있으므로 절대자에 대한 믿음이나 토착 신앙에 대한 믿음이 강한 편이다. 그래서 마을숲은 풍어를 빈다든지 개인과 마을의 안녕을 비는 해신당이나 당산 숲의 기능을 가지는 경우도 많다.

해안 숲은 방풍 기능뿐 아니라 바닷가에 숲 그늘을 드리워 고기가 모여들게 하는 어부림의 기능을 겸하기도 한다.

경남 남해군은 전국에서도 해안 숲이 많이 남아 있는 지역으로 현재까지 남아 있는 것만도 20개소가 넘는다. 남해군 물건리 방조어부림은 가장 대표적인 해안 숲이며 그 외에도 남해군에는 남면의 구미마을 숲, 남해군 상주해수욕장을 둘러싸고 있는 상주마을 숲, 남해군 미조면 송정리의 천하숲과 초전숲 등이 있다. 거제시에 있는 동부면의 학동숲, 거제시 남부면 탑포리의 쌍근마을 숲 등도 대표적인 해안 숲이다.

제4장 경남의 마을숲

1. 마을숲의 기능별 분석

경남에서 천연기념물로 지정된 마을숲 3개소, 도 기념물로 지정된 마을숲 5개소, 비지정 마을숲 100개소, 모두 합하여 108개소를 조사한 결과 방풍 숲이 35개소로 가장 많았으며 홍수방지 숲이 25개소로 다음을 이었다. 그다음으로는 염승 숲 2개소를 포함한 비보 숲이 20개소, 정자 숲이 10개소, 풍치 숲이 9개소, 당산 숲이 7개소, 군사용 숲이 2개소로 나타났다.

앞에서도 설명했지만 마을숲은 한 가지 단순 기능만 하는 경우보다는 여러 복합적인 기능을 갖는 경우가 많다. 특히 비보 숲의 경우 대부분이 방풍 숲이나 홍수방지 숲 및 정자 숲을 겸하는 경우가 많아 엄격하게 기능별로 구분하기 어렵다. 그래서 대체로 마을숲의 초기 조성 목적을 기준으로 분석했으며 그 조성 목적을 정확히 알 수 없을 경우는 구전口傳이나 입지, 지형과 지세로 판단하여 구분했다.

2. 마을숲의 입지 분석

경남의 마을숲 108개소를 입지별로 분석했더니 동구 숲이 12개소, 마을 안 숲이 9개소, 마을 외곽 숲이 13개소, 동산 숲이 16개소, 천변 숲이 28개소, 해안 숲이 30개소였다.

• 동구 숲

동구 밖에 있는 동구 숲의 경우 12개소 중 정자 숲이 5개소, 비보 숲이 5개소, 당산 숲이 2개소였다.

• 마을 안 숲

마을 안 숲 9개소를 기능별로 나누어 봤을 때 정자 숲이 3개소로 가장 많았다. 그다음으로 당산 숲이 2개소였고 그 외 풍치, 비보, 방풍, 홍수방지 숲이 각기 1개소씩 있었다.

• 마을 외곽 숲

13개소의 마을 외곽으로 조성된 숲 중 비보 숲이 10개소로 많았고 그 외 방풍, 풍치, 군사용 숲이 각기 1개소씩 있었다.

• 동산 숲

동산 숲은 가장 다양한 기능을 가지는 것으로 나타났다. 비보 숲이 4개소, 풍치 숲이 4개소, 당산 숲이 3개소였고 정자 숲과 방풍 숲이 각기 1개소씩이었고 군사용 숲이 1개소 있었다.

• 천변(川邊) 숲

천변 숲은 28개소 중 홍수방지 숲이 25개소였고 풍치 숲이 2개소, 방풍 숲 1개소로 대부분이 홍수방지를 위해 조성된 것이었다.

• 해안 숲

해안 숲은 30개소 모두가 방풍 방조림으로 바닷바람을 막기 위해 조성된 것이었다.

3. 마을숲의 수종 분석

경남의 마을숲 108개소를 조성된 수목을 기준으로 분석하면 낙엽활엽수림이 71개소로 가장 많았고 이어 소나무 숲이 19개소로 나타났다. 그 외 곰솔 단일 숲이 8개소, 곰솔과 낙엽활엽수가 어우러진 숲이 8개소, 소나무와 곰솔 및 소나무와 낙엽활엽수가 어우러진 숲이 각기 1개소씩 있었다. 이들을 기능별로 좀 더 구체적으로 살펴보면 다음과 같다.

• 방풍 숲

방풍 숲의 경우는 총 34개소로 대개 숲의 규모가 크고 수종도 다양하게 나타났다. 방풍 숲은 바닷가에 많다는 지역적인 특성상 육지의 숲에 비해 곰솔 숲이 많은 편이었다. 그러나 가장 흔한 수종 구성은 역시 다양한 낙엽활엽수로 된 숲으로 17개소가 있었고 이어 곰솔 단일 숲이 7개소였으며 곰솔과 낙엽활엽수로 조성된 숲이 5개소였다. 그 외 느티나무와 모감주나무 단일 숲이 각기 2개소씩 있었고 소나무 단일 숲이 1개소 있었다. 방풍 숲을 이루는 낙엽활엽수로는 느티나무, 팽나무, 푸조나무, 서어나무, 말채나무, 이팝나무, 모감주나무, 참느릅나무, 회화나무 등이 흔한 편이었다.

• 홍수방지 숲

홍수방지 숲은 낙엽활엽수로 된 숲이 일반적이었다. 구체적으로 25개소 중 다양한 낙엽활엽수로 된 숲이 14개소였고 이어 소나무 단일 숲이 5개소였다. 그 외 곰솔 숲 1개소, 푸조나무숲 1개소, 느티나무와 곰솔로 된 숲이 1개소, 소나무와 곰솔로 된 숲이 1개소, 왕버들 단일 수종으로 된 숲이 2개소 있었다. 홍수방지 숲을 이루는 낙엽활엽수의 수종으로는 느티나무, 팽나무, 푸조나무, 왕버들, 말채나무, 이팝나무, 참느릅나무, 회화나무 등이 주를 이루었다.

• 비보 숲

염승 숲 2개소를 포함한 비보 숲은 총 20개소였는데 소나무 숲이 8개소, 낙엽활엽수 위주의 숲이 12개소였다. 비보 숲을 이루는 낙엽활엽수종으로는 느티나무, 서어나무, 팽나무, 푸조나무, 회화나무, 말채나무 등이 일반적이었다.

• 정자 숲

정자 숲의 경우는 대개 몇 그루의 노거수로 이루어진 소규모 숲이 일반적이다. 수종은 느티나무로 조성된 경우가 압도적으로 많아 전체 10개소 중 6개소였다. 그다음으로는 느티나무와 팽나무 또는 느티나무와 서어나무 등의 낙엽활엽수로 이루어진 경우가 3개소였고 팽나무만으로 이루어진 경우가 1개소로 정자 숲에서 가장 흔히 볼 수 있는 수종은 느티나무였다.

• 당산 숲

당산 숲 7개소 중 낙엽활엽수로 된 숲이 3개소였고 그 외 낙엽활엽수와 소나무로 된 숲, 곰솔과 느티나무로 된 숲, 푸조나무 단일 숲, 느티나무 단일 숲이 각기 1개소씩 있었다. 당산 숲에서 흔히 볼 수 있는 나무는 느티나무와 팽나무 및 푸조나무였다.

• 풍치 숲

9개소의 풍치 숲 중 소나무 단일로 된 숲이 5개소였고 낙엽활엽수로 된 숲이 3개소 그리고 낙엽활엽수와 곰솔로 된 숲이 1개소였다.

• 군사용 숲

군사용 숲은 사천시 대방진굴항숲과 거제시 오량마을 숲 2곳이 있었는데 대방진굴항의 숲은 느티나무, 팽나무, 푸조나무 등의 낙엽활엽수로 이루어져 있었고 오량마을 숲은 팽나무 노거수로 이루어져 있었다. 오량마을 숲은 성벽에 밀접하게 숲이 조성되어 있어 군사용으로 분류했지만 성벽을 복원하면서 마을 숲과 일치됐을 개연성이 있으며 그럴 경우 그 용도가 다를 수도 있을 것이다.

4. 경상남도의 마을숲

4-1. 천연기념물 지정 마을숲

- 남해 물건리 방조어부림南海 勿巾里 防潮魚付林

천연기념물 제150호(1962. 12. 7. 지정)
면적 23,438m²
소재지 경남 남해군 삼동면 물건리 산12-1
소유자 남해군
관리자 남해군

현황

물건리 방조어부림은 해안을 따라 펼쳐진 길이 약 1,500m, 폭 30m의 숲으로 약 300년 전에 마을 사람들이 심어 조성한 것이다.

물건방조어부림은 따뜻한 남해안에 조성된 숲이지만 숲을 이루는 수종은 대부분 온대성 낙엽활엽수이다. 높이 10~15m인 팽나무, 푸조나무, 참느릅나무, 말채나무, 상수리나무, 느티나무, 이팝나무, 무환자나무 등의 낙엽활엽수가 주를 이루고 있다. 그밖에 소태나무, 때죽나무, 까마귀베개, 꾸지뽕나무, 모감주나무, 생강나무, 검양옻나무, 초피나무, 윤노리나무, 갈매나무, 쥐똥나무, 붉나무, 누리장나무, 보리수나무, 예덕나무, 병꽃나무, 두릅나무, 화살나무 등의 낙엽활엽수와 청미래덩굴, 배풍등, 청가시덩굴, 댕댕이덩굴, 멀꿀, 복분자딸기, 계요등, 노박덩굴, 개머루, 송악, 마삭줄 등의 덩굴식물류가 자라고 있다.

물건방조어부림은 강한 바닷바람과 해일 등을 막아 농작물과 마을을 보호하기 위해 인공적으로 만들어진 숲이며, 물고기가 살기에 알맞은 환경을 만들어 물고기 떼를 유인하는 어부림의 구실도 하고 있다. 마을 사람들은 이 숲이 파괴되면 동네가 피해를 입는다는 사실을 알고 숲을 보호하기 위해 힘쓰고 있다.

덧붙이는 말

문화재청 자료에는 다양한 낙엽활엽수와 후박나무가 숲을 이루고 있다고 설명하고 있지만 현재 이곳에서 크게 자란 후박나무는 찾아보기 어렵고 묘목 수준의 나무 외에는 볼 수가 없다. 상록활엽교목으로는 광나무 정도만 볼 수 있다. 전체적으로 다양한 낙엽활엽수종으로 구성된 넓은 면적의 마을숲으로 숲을 이루는 나무는 수령이 높은 노거수가 많아 보존 가치가 매우 큰 마을숲이다.

• 함양 상림咸陽 上林

천연기념물 제154호(1962. 12. 7. 지정)
면적 205,842m²
소재지 경남 함양군 함양읍 대덕리 246
소유자 함양군
관리자 함양군

현황

함양 상림은 함양읍의 서쪽에 있는 위천渭川의 북쪽에 조성된 인공림으로 하천을 따라 약 1.4km에 걸쳐 있으며 폭은 곳에 따라 다르며 최대 폭은 약 200m이다.

통일신라 진성여왕재위 887~897 때 최치원 선생이 함양읍의 홍수 피해를 막기 위해 만들었다고 전해진다. 예전에는 대관림大館林이라고 불렀으나 이 숲의 가운데 부분이 홍수로 무너짐에 따라 상림上林과 하림下林으로 나뉘게 됐다. 현재

하림은 훼손되어 흔적만 남아 있고 상림만이 예전의 모습을 유지하고 있다.

1976년 임경빈의 조사에 의하면 함양 상림을 구성하고 있는 식물들은 갈참나무, 졸참나무 등 참나무류와 느티나무, 팽나무, 느릅나무, 벚나무, 이팝나무, 말채나무 등 50과 86속 118종으로 침엽수종이 3종, 활엽수종이 115종이었으며 상록과 낙엽으로 따졌을 때는 상록수가 11종, 낙엽수종이 107종이었다. 그 후 1993년 조사에서는 116종류의 식물이 조사됐으며, 현재 20,000여 그루의 나무가 자라고 있다.

덧붙이는 말

함양 상림의 수종은 110여 종으로 보고되고 있는데, 이와 같은 수종 구성은 일반 산림보다도 더 다양한 것으로 이는 함양 상림이 조성된 지 무척 오래되어 자연 숲과 같은 생명력을 보여 주고 있음을 나타낸다. 조성 당시엔 이렇게 다양한 수종을 심지 않았겠지만 오랜 세월이 지나면서 새들이 씨앗을 퍼뜨리는 등 새로운 수종을 도입하여 숲의 다양성이 훨씬 더 좋아진 것으로 볼 수 있다. 실제 상림에는 노거수만 있는 것이 아니고 노거수와 함께 수많은 장령목과 유목들이 후계목으로 함께 자라고 있어 자연 숲과 같은 계층 구조를 보여 주고 있다. 이런 숲은 숲 생태계가 더 안정적이고 건강하다는 의미도 된다. 함양 상림은 그 기원은 인공 숲이지만 이미 자연 숲과 다름이 없는 건강 상태와 모습을 보이고 있다. 상림이 자연 숲과 같은 모습을 보이게 된 데는 조성된 지 오랜 세월이 흘렀다는 점도 한 요인이지만 면적 자체가 넓어 숲이 자생력을 충분히 가지게 된 것도 큰 요인이라 할 수 있다.

• 하동 송림河東 松林

천연기념물 제445호(2005. 2. 18. 지정)
수량 / 면적 약 900여 주 / 72,205㎡
소재지 경남 하동군 하동읍 광평리 443-10
소유자 국유 외
관리자 하동군

현황

하동읍을 감돌아 흐르는 섬진강변에 조성된 인공 소나무 숲으로 길이 2km에 걸쳐 모두 900여 그루의 소나무가 숲을 이루고 있으며 면적은 72,205㎡에 달한다. 노송의 나무껍질은 거북이 등과 같이 갈라져 있어 옛날 장군들이 입었던 철갑옷을 연상케 한다. 나무마다 일련번호를 매겨 관리하고 있으며 나무의 보호를 위하여 송림을 반씩 나눠 3년 단위로 번갈아 자연 휴식년제를 시행하고 있다. 하동 송림은 오늘날 국내 제일가는 노송 숲으로 넓은 백사장과 맑은 섬진강 물이 어우러진 경치는 이곳을 지나는 사람들의 발길을 멈추게 한다.

유래

하동 송림은 지금부터 270여 년 전인 조선 영조 21년1745에 당시 도호부사였던 전천상이 강물의 범람과 모래바람의 피해를 막기 위하여 조성한 것으로 우리나라에서 가장 규모가 크고 오래된 인공 소나무 숲이다. 하동 송림은 1983년 8월 2일 경상남도 기념물 제55호로 지정됐다가 2005년 2월 18일 천연기념물 제445호로 변경 지정됐다.

원래는 송림의 면적이 훨씬 넓어 지금의 하동고등학교와 하동중학교 및 광평마을 일부까지 소나무가 심겨 있었다고 한다. 그러나 그 후 섬진강 홍수 예방을 위하여 하동 제방 제2호를 축조하면서 현재와 같이 제방을 사이로 양분되어 송림 바깥쪽은 학교 또는 배후 주거지가 됐다. 1970년대까지 송림과 섬진강 사이에 아무런 장벽이 없었고 물이 적게 흐르는 시기엔 엄청난 넓이의 백사장이 송림과 강물 사이에 펼쳐져 있었다. 지금은 송림의 강 쪽과 마을 쪽으로 모두 제방이 축조되어 섬진강변의 드넓은 백사장은 강물 속으로 사라져 버리고 말았고 송림만 두 제방 사이에 고립되어 하동 송림의 방풍·방재수로의 기능은 추측만 할 수 있게 됐다. 숲 안에 있는 하상정河上亭은 활을 쏘는 사대로 1970년대까지 궁사들이 이용했고 백사장 송림 한편에 커다란 과녁까지 있었으나 지금은 이용하지 않고 있다.

하동 송림은 송림과 백사장 및 섬진강의 청류를 함께 즐길 수 있는 곳이어서 하동 군민뿐 아니라 인근 진주 등지에서까지 수많은 학생들과 사람들이 즐겨 찾는 놀이터요 소풍 장소였다.

4-2. 도 기념물 지정 마을숲

• 고성 장산숲固城 章山숲

경상남도 기념물 제86호(1987. 5. 19. 지정)
면적 5,934㎡
소재지 경상남도 고성군 마암면 장산리 230-2
소유자 사유
관리자 김해허씨 문중

현황

고성 장산숲은 약 600년 전 조선 태조재위 1392~1398 때 정절공貞節公 호은湖隱 허기許麒가 마을의 지형적 결함을 보충하기 위하여 조성한 숲이라고 전해진다.

숲이 처음 조성됐을 때에는 그 길이가 약 1,000m에 이르렀다고 하나 지금은 길이 100m, 폭 60m, 면적 6,000㎡ 정도밖에 남아 있지 않다. 숲 안에는 연못을 파고 그 한가운데 신선사상에 바탕을 둔 섬을 조성해 놓아 숲의 경관을 한층 높여 주고 있다. 조선 성종재위 1469~1494 때 이퇴계 선생의 제자였던 허천수 선생이 이 숲에 정자를 짓고 연못을 만들어 시문을 쓰고 낚시를 즐겼다고 한다. 문화재청 자료에 의하면 250그루 정도가 숲을 이루고 있으며, 주요 수종은 느티나무, 서어나무, 팽나무, 긴잎이팝나무, 소태나무, 배롱나무, 쥐똥나무, 검노린재나무 등으로 구성되어 있다고 한다.

그러나 2017년 2월 21일 필자의 조사 결과 장산숲의 전체 노거수는 70여 주 정도로 문화재청 자료의 250그루와는 차이가 크다. 문화재청 자료에는 쥐똥나무, 검노린재나무 등의 관목까지 포함하고 있는데 마을숲을 이야기하면서 하층림의 관목을 언급하는 것은 별 의미가 없으므로 70여 주로 보는 것이 타당하다. 노거수를 구체적으로 살펴보면 팽나무 13주, 서어나무 27주, 느티나무 7주, 말채나무 6주, 푸조나무 4주, 이팝나무 5주, 소나무 4주, 곰솔 3주, 왕버들 2주 배롱나무 1주, 굴참나무 1주 등이다. 이 숲을 이루는 나무의 수령은 대체로 200년 내외로 추정되며 최고령 나무는 300년생 정도로 보인다. 숲 가운데에 연못이 있고 정자가 있어 운치를 더해 주며 조산이 남아 있다.

• 거제 한내리 모감주나무 군巨濟 汗內里 모감주나무群

경상남도 기념물 제112호(1991. 12. 23. 지정)
수량 / 면적 41주 / 2,655㎡
소재지 경남 거제시 연초면 한내리 183

현황

모감주나무는 우리나라, 중국, 대만, 일본 등지에 분포하며, 우리나라에서는 황해도와 강원도 이남에서 자라고 있다. 여름에 노란 꽃이 피고 열매는 콩알보다 약간 작은데, 둥글고 검으며 윤기가 있어 염주를 만드는 데 쓰인다. 스님들은 염주나무 또는 보리수라 부르기도 한다.

한내리의 모감주나무숲은 현재 41그루로 이루어져 있는데 이 중 가장 큰 나무는 높이가 17m, 가슴높이줄기둘레는 2m이다. 신라 말 무렵 남해안의 큰 절이었던 거제 하청의 북사北寺를 다녀가던 금강산 큰 스님이 한내리의 번성을 기원하면서 바닷가에 심은 나무라고 전한다. 옛날에는 이 숲에서 풍어제를 지냈다고 한다.

모감주나무로 해일을 막고 물고기를 유도하기 위해 만들어진 방조어부림으로는 전국에서도 이곳 한내리밖에 없어 그 희귀성을 인정하여 기념물로 지정하여 보호하고 있다.

• 사천 연천숲泗川 鳶川숲

경상남도 기념물 제141호(1994. 7. 4. 지정)
수량 / 면적 57주 / 3,700㎡
소재지 경남 사천시 사남면 우천리 495-1
소유자
관리자 사천시

현황

사천 연천숲은 풍수지리적으로 마을 앞 돌산의 험하고 강한 기운을 조화시키기 위해 마을 앞에 숲을 만들었다고 전해진다. 이 숲은 300년 정도의 역사를 가지고 있으며, 약 3,700㎡의 면적에 느티나무 28그루와 팽나무 21그루, 말채나무 8그루 등 큰 나무 57그루가 상층림을 이루고 있고 그 아래엔 벚나무, 찔레나무, 국수나무 등이 자라고 있다. 느티나무 28그루의 가슴높이줄기둘레의 크기는 1.2~4m이고 팽나무 21그루의 가슴높이줄기둘레는 1~2.4m, 말채나무 28그루의 가슴높이줄기둘레는 1~2.5m, 이팝나무의 범위는 1~2.5m로 측정되고 있다.

사천 연천숲은 마을의 지형적 결함을 보완하기 위해 만들어진 숲으로 겨울철에는 서북풍을, 여름철에는 강한 동남풍을 막아 마을과 농토를 보호하는 풍치림 및 휴양림으로서의 기능이 높으며 옛 선조들이 자연을 슬기롭게 이용했음을 엿볼 수 있는 훌륭한 자연유산이므로 기념물로 지정하여 보호하고 있다.

덧붙이는 말

큰 나무가 상층림을 이루고 찔레나무, 국수나무 등이 하층림을 이루고 있다고 하지만 대부분의 마을숲이 그러하듯 실제 하층림은 존재하지 않으며 단일 수관을 이루고 있다. 마을 앞에 있는 돌산의 기운을 막기 위해 조성됐다고 하니 염승림厭勝林의 예로 생각되지만 실제 앞산은 돌산이라고 보기 어려운 평범한 육산이라서 실제로 그런 목적이었는지 조금 의문스럽기도 하다. 숲의 입지와 마을의 위치를 감안하면 개간하기 어려운 버려진 땅을 활용하여 강한 바람을 막기 위한 방풍수 겸 풍치수로 조성한 마을숲의 기능이 큰 것으로 생각되기도 한다.

• 산청 실매리 왕버드나무 군山淸 實梅里 왕버드나무群

경상남도 기념물 제232호(2001. 2. 22. 지정)
수량 9주
소재지 경남 산청군 차황면 실매리 881-49 외 9필지
소유자 사유
관리자 연일김씨 종중

현황

차황면 실매리 마을 앞의 작은 내를 따라 9그루의 왕버드나무가 숲을 이루고 있다. 홍수방지 및 방풍防風림으로 조성되어 근래까지 마을 주민의 휴식처, 일터, 모임터 및 운동장으로 사용되어 왔다. 이전에는 왕버드나무 외에 팽나무 노거수 등도 있었다고 하나 개울가에 있는 데다 지대가 낮아 홍수가 나면 침수될 수밖에 없어 물에 강한 왕버드나무만 살아남고 다른 수종은 침수에 견디지 못하여 고사한 것으로 보인다.

유래

실매리 왕버드나무 군락은 지금으로부터 600여 년 전 고려 말기에 경순왕의 21세손인 연일김씨 김주金柱가 입향하여 신라 김씨의 얼을 후손에게 잇게 하기 위하여 경주에서 왕버드나무를 가져와 마을 앞 금천琴川변에 심은 것으로 그 후 후손들이 지속적으로 관리하고 보식도 해 왔으나 홍수로 팽나무 등 상당수 나무는 고사하고 벌채도 되어 현재에 이르게 됐다 한다. 이곳은 연일김씨 문중의 마음의 고향으로 종중의 자긍심을 높이는 곳이며 인근 마을 사람들의 회합과 놀이 및 휴식의 장소이기도 했다.

• 함양 개평리 소나무 군락지咸陽 介坪里 소나무 群落地

경상남도 기념물 제254호(2004. 10. 21. 지정)
수량 100여 주
소재지 경남 함양군 지곡면 개평리 251, 255, 250, 256, 산11-1
소유자 사유
관리자 함양군

현황

함양군 지곡면 개평리는 일두 정여창 선생, 옥계 노진 선생을 비롯한 유학자를 다수 배출한 전통마을이다. 14세기에 경주김씨와 하동정씨가 이곳으로 이주하면서 마을이 형성됐고 이후 15세기에 풍천노씨가 이주하여 현재에 이른다. 마을에는 많은 고가가 온전히 보존되어 다수가 문화재로 지정됐다.

개평리 소나무 군락은 마을 앞을 감싸고 있는 야트막한 야산의 능선을 따라 100여 주가 있는데, 풍수상 마을로 엄습하는 나쁜 기운을 막고 마을을 보호하기 위해 조성된 것이다. 안내판에 의하면 큰 나무는 수고 15m, 가슴높이둘레 160~220cm 정도이고, 작은 나무는 수고 10m, 가슴높이둘레 80~150cm 정도로 수령은 300~400년생으로 추정된다고 설명하고 있다. 그러나 수령을 너무 높게 잡은 것으로 보이며 노거수의 경우 수령 200~300년 정도로 추정된다.

덧붙이는 말

도 기념물을 설명하는 안내판에 의하면 개평리 소나무 군락은 서쪽에서 엄습하는 나쁜 기운을 차단하기 위해 조성됐다고 하나 실제 방위는 마을의 남쪽 내지 동남쪽에 위치하는 야산의 능선 또는 구릉 위에 있다. 따라서 염승림으로 조성된 것인지 풍치림으로 조성된 것인지는 애매한 면도 있다. 다만 마을 앞산의 기가 너무 강하여 이를 차단하기 위해서라면 염승림으로 보는 것이 맞다고 본다. 또 소나무 숲이 야산의 지맥을 따라 이어져 있어 자연림을 잘 보호하여 오늘에 이른 것인지 인공적으로 조성된 것인지도 애매한 부분이 있지만 아무튼 마을 사람들이 잘 보호하여 오늘에 이른 것만은 틀림이 없다.

4-3. 비지정 마을숲

경남의 마을숲 중 천연기념물이나 경상남도 기념물로 지정된 것을 제외한 마을숲을 도 기념물 이상으로 지정할 가치가 높은 주요 마을숲과 나머지 마을숲으로 구분하여 정리했다. 지정 가치가 높은 마을숲에 포함되지 않은 마을숲이라고 하여 보호할 가치가 없다는 것은 결코 아니며 보다 가치가 높은 것을 우선으로 정리해 본 것이다.

가. 도 기념물 이상 문화재 지정 가치가 높은 주요 마을숲

수백 년 이어 온 마을숲은 모두 중요한 문화적·민속적 자산이므로 잘 보존해야겠지만 그중에서도 숲의 규모가 크거나 수령이 오래된 노거수가 많거나 희귀수목을 포함하고 있는 곳 등은 보존할 가치가 더욱 높아진다. 경남의 마을숲 가운데 특히 보존 가치가 높은 곳 9곳을 골랐다.

• 남해 구미마을 숲 남해군 남면 덕월리 1140-1 5,000㎡

다양한 낙엽활엽수가 어우러진 마을숲으로 특히 큰 모감주나무와 말채나무 등이 눈에 띈다.

이 숲은 약 500년 전 이 마을에 사는 제주고씨들을 중심으로 한 주민들이 바닷바람과 해일 등을 막기 위해 조성했다고 하며 그 후 여러 차례 태풍과 해일 등으로 피해를 입어 복구와 보식을 하여 오늘에 이르렀다고 한다. 숲의 전체 면적은 약 5,000㎡이며 나무의 수는 365주 정도라고 한다. 전하는 숲의 내력과는 달리 숲을 구성하는 나무들의 대체적인 수령은 200~300년 내외로 추정되며 숲의 길이는 약 500m 정도로 구미마을에서 바다로 면한 몽돌해변에 있다. 숲을 이루는 수종은 느티나무가 가장 많고 그 외 팽나무, 말채나무, 모감주나무, 이팝나무, 회화나무 등이 있으며 수령이 오래된 노거수 숲이다. 숲에서 가장 큰 이팝나무 노거수는 가슴높이줄기둘레가 2.5m에 달하며 수령은

200년 가까이 될 것으로 추정된다. 느티나무도 노거수가 많으며 가슴높이줄기둘레가 1.2m 이상 되는 큰 모감주나무도 여러 그루 있는데 가장 큰 모감주나무는 가슴높이줄기둘레가 1.5m에 달한다. 전체적으로 마을숲의 연륜이 오래되고 수종 구성도 다양하여 보존 가치가 매우 큰 마을숲이라 할 수 있다.

• **밀양 구기리 당숲** 밀양시 청도면 구기리 1535 7,300㎡

규모가 크고 또 마을숲을 이루는 나무들의 수령이 매우 오래된 숲이다. 느티나무 30주 정도, 말채나무 1주, 회화나무 5주, 팽나무 1주로 구성됐으며 대체로 수령 300년 내외로 추정된다. 이 중 가장 오래된 노거수는 팽나무로 가슴높이줄기둘레가 460cm에 수령 400년 정도로 추정되며 당산목으로 섬겨 나무 앞에는 제단이 놓여 있다.

구기리에서 300m 정도 떨어진 안쪽 마을(중촌)에도 마을숲이 있는데 수령은 구기리숲과 비슷하며 수종은 팽나무 네 그루, 느티나무 일곱 그루, 말채나무 네 그루, 푸조나무 한 그루가 있다.

아마 이전에는 구기리숲과 이어져 있던 숲으로 보이며 오랜 세월을 거치면서 중간에 있던 숲이 파괴되어 분리된 것으로 보인다. 구기리숲은 두 마을에 걸쳐 나이 많은 노거수가 50여 주로 매우 많고 수령도 오래되어 보존 가치가 매우 큰 마을숲이다.

• 거창 갈계숲(치내숲, 가선림, 임정) 거창군 북상면 농산리 361 25,000㎡

갈계숲으로 불리지만 지금의 행정구역상으로는 갈계리의 가장자리에만 숲이 약간 걸쳐져 있을 뿐 숲의 대부분은 북상면 농산리에 위치한다. 아마 숲으로 접근하는 길목이 북상면 갈계리 쪽이므로 주민들은 갈계숲으로 불러왔을 것이다. 갈계숲이란 이름 외에 치내숲, 가선림 또는 임정이라 부르기도 한다. 지형적으로 보면 덕유산에서 흘러내리는 소정천이 이곳에서 두 갈래로 갈라져

흐르면서 오랜 기간 자연적으로 퇴적된 선상지에 형성된 소나무 숲이다. 숲의 전체 면적은 25,000㎡(약 8,000평)으로 수령 200~300년생의 소나무가 숲을 이루고 있으며 일부 낙엽활엽수도 산재해 있다. 숲 안에는 도계정道溪亭, 병암정屛巖亭, 가선정駕仙亭 등 3개의 정자가 있으며 조선 명종 때의 유학자 석천 임득번과 그의 아들 갈천 임훈이 이곳에서 시문을 짓고 소요했다고 전한다.

• 양산 구소석마을 숲양산시 상북면 석계리 1089-1 3,400㎡

마을 안쪽 길을 따라 낙엽활엽수 노거수들이 숲을 이루고 있다. 원래 마을숲 가운데로 도랑이 있었는데 마을 안길을 확장하면서 도랑을 복개했다고 한다. 따라서 구소석마을 숲은 원래 홍수방지가 목적이 아니었나 싶다. 지금은 당산 숲과 정자 숲의 기능을 함께 하고 있다. 팽나무 26그루, 느티나무 세 그루 등으로 노거수의 수도 매우 많으며 대체로 수령이 200~300년 정도로 나이도 많아 보존 가치가 매우 큰 마을숲이다.

마을 주민들은 마을숲에서 당산제를 지내 왔는데 당산나무는 앞 당산나무와 뒤 당산나무 두 그루이며 앞 당산나무 옆에는 돌무더기가 있고, 뒤 당산나무 옆에는 산신 제단이 있다. 이전에는 당산나무에 대한 신앙심이 대단하여 음력 3월 초순과 9월에 마을 주민들이 당산나무 주위를 깨끗이 청소하고 당산제를 지냈다고 한다. 평소에도 당산나무에 함부로 손대지 않으며, 당산나무에서 떨어진 나뭇가지는 절대 땔감으로도 사용하지 않는다. 구소석마을에서는 당산제를 지내기 위해 마을 공동 제답祭畓을 주민들이 함께 경작하여 그 수익금으로 비용을 감당한다.

앞 당산나무는 팽나무이며[주민들은 포구나무라 부른다] 그 옆에는 돌무더기가 있다. 뒤 당산나무는 소나무이다. 뒤 당산나무 옆에는 화강석으로 만든 산신 제단이 있다. 당산제의 절차는 산신제를 먼저 올리고 앞 당산에서 제사를 지내고 이어 뒤 당산제를 지낸다. 제의에 진설하는 제물의 종류와 제의 방식은 기제사와 동일하나, 특이한 점은 돼지머리를 제물로 사용한다는 점이다. 일반적으로 당산제에서는 마을 주민들의 안녕과 소원 성취를 기원하는 소지를 올리는데, 구소석마을에서는 소지를 올리지 않는다. 제의가 끝나면 제의에 참석한 이들이 음복한다. 당산제의 음복은 제한되어 있어 집안에 부정한 일이 있거나 초상이나 출산, 혼사 등 부정한 곳에 다녀온 이는 음복할 수 없다고 한다.

예전에는 매해 음력 3월 3일과 9월 9일 두 차례 당산제를 지내 왔으나 근래에는 음력 3월 3일 한 차례만 지내고 있으며, 마을 주민들이 모두 참여할 수 있도록 제의 시간을 제일 당일 새벽에서 저녁 10시로 변경하여 거행하고 있다. 당산제에 여자들은 참석할 수 없다는 금기가 있었으나, 근래에는 금기가 약화되어 여자들도 제의에 참석하여 함께 음복하기도 한다. 현재 구소석마을에는 제주를 하고자 하는 이가 없어 새로 이사 온 사람이 있을 경우 그 집에서 제주를 맡도록 하고 있다.

• 사천 대곡숲 사천시 정동면 대곡리 453 8,000㎡

소나무 숲으로 노송 190주 정도가 길이 275m에 걸쳐 마을을 감싸고 숲을 이루고 있다. 대곡숲은 2002년 삼림청과 생명의 숲 가꾸기 국민운동 등이 주관한 '아름다운 숲 전국 대회'에서 대상을 받을 정도로 숲의 모습이 아름답기로 꼽힌다. 소나무의 수령은 200년생 내외이며 가장 나이 먹은 소나무의 경우 수령 300년 정도로 추정된다.

대곡마을은 골짜기가 꽤 깊으며 동쪽은 산이 둘러쳐져 있는 데 반해 서쪽은 크게 열려 서쪽으로 지기가 빠지는 형국이고 들 가운데로 강물이 흘러 내려가고 있다. 마을 사람들은 마을 터가 키를 닮아 열린 앞쪽이 키의 끝 부분에 해당해 재물과 복이 쓸려 나가므로 이를 막기 위해 조성된 숲이라고 한다. 또한 숲이 외부로부터 오는 나쁜 기운도 막아 준다고 믿어 왔다. 해방 직후에 전염병이 유행하여 인근 마을에서는 인명 피해가 많았으나 대곡마을은 숲 덕분에 피해를 입지 않았다고 한다.

• 창원 고사리 푸조나무숲 창원시 마산합포구 진전면 고사리 1007 외

수령 300년 이상된 푸조나무 23주가 열식되어 있다. 모두 푸조나무로만 이루어진 단일 수종 숲이 이채로우며 가장 큰 나무는 가슴높이줄기둘레가 520cm이며 수령은 400년 정도로 추정된다. 그다음 큰 나무는 가슴높이줄기둘레가 395cm 정도이다. 매우 큰 노거수로 구성되어 있고 노거수의 수도 많아 보호가치가 매우 큰 마을숲으로 천연기념물 감으로도 손색이 없다.

전하는 바로는 조선 초기에 홍수로 마을과 경작지에 피해가 잦아 홍수를 방지하기 위해 관찰사가 나무를 심게 했다고 한다.

• 창원 삼풍대숲(삼계마을 숲) 창원시 마산회원구 내서읍 삼계리 12 5,800㎡

이전엔 시골 마을숲이었으나 최근에 인근이 주택지로 개발되면서 마을숲 좌우로 아파트가 밀집하여 들어섰고 도시화로 찾는 이가 무척 많은 도시공원이 됐다. 회화나무 18주, 팽나무 5주, 느티나무 3주, 말채나무 3주 등이 있고 수령은 100~300년 정도로 추정된다. 원래 이 마을은 물이 북쪽으로 역류하여 마을에 이롭지 못한 지형이므로 이곳에 조산을 만들고 숲을 조성하게 된 것이라 하니 역시 마을 비보 숲이자 북쪽에서 부는 찬바람을 막는 방풍림의 역할도 했다고 여겨진다. 이곳은 매우 온난한 곳으로 숲에는 식재한 것인지 자연적으로 자라는 것인지는 알 수 없으나 수십 년생의 후박나무도 보이고 구실잣밤나무도 있어 난대 수종이 자라는 데 지장이 없는 온화한 기후를 가진 곳으로 판단된다.

• 남해 사촌마을 숲 남해군 남면 임포리 1173-1

200~300년생 곰솔 102주 정도가 숲을 이루고 있다. 전체 길이는 약 100m 정도로 숲은 마을 앞 해변에 있으며 해변은 멋진 백사장으로 사촌해수욕장으로 불린다. 콘크리트로 접안 시설을 만든 후 모래의 퇴적이 많아지고 있다고 한다.

가장 나이가 많은 곰솔은 가슴높이줄기둘레가 345cm로 400년생 정도로 추정된다.

• 창원 지산마을 숲 창원시 마산합포구 진북면 지산리 226-19

마산진북2호공원으로 지정되어 이용되고 있는 마을숲으로 연륜이 오래됐고 규모도 크다.

마산농업기술센터를 둘러싸고 있는 숲으로 주민들의 증언에 의하면 농업기술센터를 지으면서 이 숲의 상당 부분이 파괴됐다고 한다. 지금 민가가 들어서 있는 지역의 상당 부분도 원래는 숲이었다고 하며 길이가 500m에 달했다고 한다. 현재 남아 있는 숲의 길이는 농업기술센터 앞에 일부 잔존한 부분까지 포함하여 160m 정도 된다. 숲은 바로 옆의 인곡천의 범람을 막기 위한 목적으로 조성된 홍수방지림이며 말채나무 19주, 팽나무 18주, 느티나무 9주, 참느릅나무 4주, 이팝나무 2주, 굴참나무와 푸조나무 각 1주 정도가 있으며 수령은 약 150년 내외로 추정된다. 이미 많이 훼손됐지만 남은 숲이라도 잘 보존해야 할 것이다.

나. 그 외 보존 가치가 큰 마을숲

편의상 마을숲의 소재지를 시군별로 분류한 후 마을숲의 명칭 또는 마을숲 소재지 마을 명칭의 가나다순으로 배열했다. 소재지 시군의 순서 역시 가나다순으로 정리했다.

거제시

- 가배마을 숲 거제시 동부면 가배리 692

마을 옆 언덕 위에 위치한 마을숲으로 길이 80m 정도 된다. 바닷바람을 막아주는 방풍림으로 노령목은 수령 200년 정도로 추정된다. 후박나무, 팽나무, 생달나무, 느티나무 등의 거목이 있으며 작은 하목과 송악이 우거져 있고 비탈이 진 곳이라 숲 안으로 들어가기 어려울 정도이다. 대부분의 나무는 송악이 타고 올라 보기는 좋으나 나무의 건강과 생존에 부정적인 영향을 끼칠 것으로 우려된다. 하층림은 송악 외에 작살나무, 이대, 천선과나무 등이 울창하다. 바로 앞은 가배항으로 장사도 가는 유람선이 운항하고 있다.

• 덕포마을 숲 거제시 덕포동 366

원래 마을 앞 해변에 위치하여 방풍 방조림으로 기능했던 숲으로 보이지만 지금은 마을숲 앞쪽에도 많은 건물이 들어서서 숲이 마을 안에 위치하게 됐다. 곰솔 숲으로 곰솔 41주 정도가 있으며 수령은 100년 내외이다. 그 외 느티나무 3주와 팽나무 1주가 있다. 덕포마을 앞 해변은 덕포해수욕장으로 백사장이 넓고 매우 아름답다. 덕포리 앞바다는 옥포만으로, 유명한 이순신 장군의 옥포해전이 있었던 유서 깊은 곳이다.

• 쌍근마을 숲 거제시 남부면 탑포리 538-3

지금은 바다와 마을숲 사이에 방파제가 있지만 이전엔 마을숲이 바다와 바로 인접했다고 한다. 따라서 이 숲이 방조어부림 역할을 해 왔으리라 충분히 짐작할 수 있다. 낙엽활엽수림으로 숲의 길이는 해변을 따라 90m이고 팽나무가 가장 많아 18주, 느티나무 6주, 서어나무 3주가 있고, 그중 가장 크고 나이 먹은 나무는 느티나무로 수령이 200년 정도로 추정된다.

• 오량烏良마을 숲 거제시 사등면 오량리 1300-6

오량은 고려 때 역이 있던 곳으로 당시에 역을 보호하기 위해 성을 쌓았던 것으로 추정되며 이후 조선 연산군 때 성을 다시 쌓았다고 한다. 성의 많은 부분은 허물어지고 일부만 남아 있던 것을 근년에 일부 복원했다. 숲은 성벽을 따라 약 85m에 걸쳐 조성됐으며 수령은 200~350년 정도로 추정된다. 대부분이 팽나무로 22그루를 확인할 수 있고 말채나무가 한 그루 있다. 바로 인접한 경작지 때문인지 모든 노거수의 수간을 자른 흔적이 있으며 이런 행위는 나무의 줄기를 썩게 만들어 수명을 단축하게 될 것이므로 크게 우려된다.

• 오송마을 정자 숲 거제시 동부면 오송리 141-5

도로변 언덕 위에 있는 정자 숲으로 마을의 쉼터 역할을 해 온 숲이다. 가장 큰 나무는 수령 200년 정도의 팽나무이며 그 외 수령 100~200년생의 느티나무 1주와 팽나무 2주가 더 있고 수령 60~70년 정도의 아까시나무 세 그루가 있다.

• 옥산마을 숲 거제시 거제면 옥산리 405 외

간덕천을 따라 조성된 마을숲으로 길이는 145m에 달하며 나무의 수령은 대체로 100~200년 정도이고 숲에서 가장 큰 나무인 팽나무의 수령은 300년 정도로 추정된다. 팽나무가 주를 이루어 34주 있고 그 외 느티나무 15주, 말채나무 6주, 푸조나무 5주, 참느릅나무 3주, 곰솔 1주, 이팝나무 3주, 고욤나무 4주 등 70여 주의 노거수가 있다. 마을의 동쪽을 흘러내리는 간덕천의 범람을 막는 홍수방지림으로 마을의 수구막이 역할도 하는 숲으로 보인다.

• 외간마을 숲거제시 거제면 외간리 434-5 외

수령 200년 내외로 추정되는 마을숲으로 외간리 마을 가운데에 있다. 지금은 집들이 빽빽이 들어차 있어 어떤 나무는 민가의 담 안에 있다. 팽나무 6주, 곰솔 5주, 말채나무 3주, 푸조나무 2주, 갈참나무 1주, 은행나무 1주로 구성되어 있다. 주택 밀집 지역에 있으나 나무를 해하거나 자른 흔적이 보이지 않을 정도로 보호 상태는 양호하다.

• **학동마을 서쪽 숲** 거제시 동부면 학동리 606

거제의 몽돌해수욕장으로 유명한 학동 해변에 있는 곰솔 숲으로 곰솔 38주가 해변을 따라 약 380m에 걸쳐 줄지어 서 있다. 수령 200년 내외의 곰솔이 약 30주 정도이고 큰 곰솔 8주의 수령은 300년 내외로 추정된다. 숲의 동쪽 부분에는 6그루의 팽나무 노거수가 있고 나머지는 모두 곰솔이다.

• **학동마을 동쪽 숲**거제시 동부면 학동리 698, 산 128

학동 해변의 동쪽 끝 가까이에도 약 300m에 걸쳐 50주 정도의 곰솔 숲이 있는데 수령은 100~200년 정도로 다양하며 가장 큰 나무는 수령이 300년 정도로 추정된다. 서쪽숲과 동쪽숲 사이의 해변 약 700m 구간의 배후에는 학동마을의 중심지가 있고 이곳에는 해안숲이 없다.

거창군

• **무월숲** 거창군 위천면 모동리 411

무월마을에서 동남쪽으로 들 가운데 길이 170m, 가장 넓은 곳의 폭이 70m인 6,942㎡(약 2,100평)의 동산 위에 울창한 소나무 순림純林이 있다. 동산의 주위는 모두 경작지이다. 소나무의 수령은 대개 200년에서 300년생 정도 된다. 이 숲의 서쪽 끝에는 보호수로 지정된 느티나무 한 그루가 있는데 가슴높이줄기둘레는 630cm이고 수령은 500년생 정도로 추정된다. 무월 사람들은 이 숲을 아랫소지라 불렀는데 예전에 마을에서 밖으로 통하는 도로가 나기 전에는 동네 밖으로 나가려면 반드시 이 마을숲 가운데로 난 소로를 이용해야 됐다고 한다. 마을 사림들이 장에 가거나 타처에 나갈 때 쉬면서 땀을 식히기도 하고 이웃과 만나 정담을 나누며 또 농사철에는 쉬면서 새참을 먹는 고마운 숲이었지만 지금은 새 길이 난 데다 인구도 줄어 지나가는 사람도 없는 숲이 됐다고 한다.

• 수승대 솔숲거창군 위천면 황산리 890

거북바위 조금 하류에 자연적으로 형성된 선상지에 자라는 소나무 숲으로 약 3,400㎡의 면적에 100년 내지 200년생의 소나무 150여 주가 숲을 이루고 있다. 소나무 숲이 있는 곳은 위천이 두 갈래로 갈라져서 흐르며 계류에 의해 운반된 퇴적물로 형성된 작은 섬이다. 지형상 인공 조림이라기보다는 자연적으로 형성됐을 가능성이 높은 숲으로 보인다.

• **동호숲** 거창군 웅양면 동호리 1069 외

동호리 입구 나지막한 언덕 위 19,834㎡(약 6,000평) 정도의 면적에 조성된 소나무와 참나무 위주의 숲이다. 수령 200년 내외의 소나무 약 300주와 참나무 약 200여 주로 구성된 숲이다. 동호리는 연안이씨의 집성촌으로 풍수지리적으로 곡식을 고를 때 쓰는 키 모양의 형국에 자리하고 있는데 동북쪽의 불영산 아래쪽은 곡식이 남는 키의 안쪽이라 부유하지만 터진 남쪽은 재물이 날아가 버리는 키의 앞쪽 끝에 해당하는 형국이라 재물이 흘러가지 않고 모이게 앞쪽에 소나무를 심어 형국을 보완하게 된 것이 동호숲이라 한다. 동호숲은 연안이씨 설천재 종중 소유의 사유지이다.

• **장풍숲** 거창군 마리면 율리 940-7

마리면 율리 위천변에 있는 소나무 숲이다. 전체 면적은 12,850㎡에 달한다. 덕유산에서 흘러내린 위천이 두 갈래로 갈라진 곳에 형성된 선상지에 형성된 솔숲으로 소나무의 수령은 100~200년생 정도 된다. 자연적으로 이루어진 솔숲으로 보이며 인근 사람들의 쉼터로서 역할을 해 온 풍치림이다.

• 장기리 솔숲거창군 위천면 장기리 611-1

수승대 조금 하류의 위천변에 있는 소나무 숲으로 수령 100~200년생의 소나무가 우거져 있다. 면적은 3,636㎡(약 1,100평)에 이른다.

고성군

• **검포마을 숲** 고성군 동해면 양촌리 1342-1

마을을 보호하는 해안 방풍림으로 마을을 따라 320m 길이에 걸쳐 길게 조성되어 있다. 북쪽의 기존 방풍림에 이어 남쪽으로는 근년에 느티나무 등을 추가로 심어 마을숲의 길이가 훨씬 길어졌다. 기존의 마을숲을 기준으로 보면 200~250년생 서어나무 23주, 450년생 정도의 팽나무 1주가 있는데 팽나무의 가슴높이줄기둘레는 480cm에 달한다. 전하는 바로는 약 400년 전에 이 마을에 살던 김해김씨와 밀양손씨가 함께 마을숲을 조성했다고 한다.

• 두호마을 숲 고성군 마암면 두호리 498-4

두호마을의 북쪽 언덕 위에 조성된 마을숲으로 원래 아늑하고 포근한 마을에 북풍을 막아 주어 마을을 더욱 안온하게 만들고 있다. 팽나무, 서어나무가 다수이고 육송도 꽤 있으며 곰솔도 몇 주 있다. 팽나무와 서어나무 중에서 일부 노거수는 수령 200년 이상으로 추정되며 나머지 대부분의 나무는 대체로 100년생 미만이다. 마을 뒷동산 전체에 걸쳐 있어 숲의 길이가 170m에 면적도 꽤 넓다. 두호숲은 약 400년 전에 조성되어 유래가 깊으나 한국 전쟁 당시 큰 피해를 입었고 그 후 마을 주민들이 합심하여 다시 숲을 복원했다고 한다.

• **송천마을 숲** 고성군 하일면 송천리 218

송천마을 정자나무에서 약 100m 북동쪽 지점에 있는 마을숲으로 곰솔 6주, 서어나무 5주가 있으며 수령은 150년생 내외이다.

• 임포마을 숲 고성군 하일면 학림리 330

임포마을은 면소재지 마을로 전체에 노거수가 산재한다. 원래 바닷바람을 막기 위한 아주 큰 규모의 마을숲이 있었는데 마을이 확장되어 숲속으로 집이 들어서면서 상당 부분 숲이 파괴되고 일부 노거수만 잔존하게 된 것으로 보인다. 마을 곳곳의 골목과 집 사이에 노거수가 남아 있으며 200~300년생 정도의 팽나무가 13주, 200년생 내외의 이팝나무가 5주, 느티나무 1주, 회화나무 1주가 있다. 마을숲을 이루는 노거수의 나이는 대체로 200~300년생으로 추정되는 매우 오래된 마을숲이다.

• 장산 서(西)숲 고성군 마암면 장산리 322-66

장산숲에서 500m 정도 떨어진 곳에 있는 마을숲으로 마암천변에 있어 개천의 범람과 홍수로부터 마을과 들을 보호해 주던 마을숲으로 추측된다. 수령 100~150년 정도의 느티나무 10주와 서어나무 3주가 있다.

남해군

• 금천마을 숲(노루목숲)남해군 삼동면 동천리 330-2

금천마을 옆으로 해변을 따라 140m에 걸쳐 있는 모감주나무 숲으로 자연적으로 형성된 숲으로 보인다. 민가는 숲에서 약 100m 정도 떨어져 있다. 해변은 몽돌밭이고 바로 인근에 선착장 시설이 있어 어항으로 이용되는 듯하다. 숲을 이루는 모감주나무는 유목을 제외하고 60주 정도 되며 이 중 수령 100년 정도의 나무가 3~4주 보이고 나머지는 100년생 미만이다. 숲에는 모감주나무의 유목도 다수 자라고 있다. 인근의 마을에는 100년생 정도의 이팝나무 3주가 있다. 모감주나무는 대개 바닷가에 자라는데 종자가 해류를 따라 잘 퍼지기 때문이다. 모감주나무 군락은 많지가 않고 전국적으로 몇몇 곳이 있는데 대부분 천연기념물이나 도 기념물로 지정될 정도로 희소한 편이다. 이곳 모감주나무 군락은 수령은 높지 않으나 흔치 않은 군락이므로 잘 보존할 필요가 있다.

• 두곡숲 남해군 남면 당항리 535

두곡마을 앞으로 타원형을 그리며 바다가 있고 숲은 마을과 해변 사이에 위치하여 방풍 방조림으로 기능하고 있다. 숲의 길이는 800m 정도로 길며 70~80년생 내외의 곰솔림으로 오래된 숲은 아니다. 해변은 작은 몽돌밭으로 되어 있으며 동남쪽엔 약간의 백사장도 있고 두곡해수욕장으로 불린다.

• 둔촌마을 숲남해군 삼동면 금송리 1416-2

팽나무 200년생 1주, 150년생 1주, 100년생 1주, 곰솔 200년생 1주, 150년생 1주, 느티나무 100년생 내외 수십 주가 마을 앞의 바다 쪽을 향해 조성되어 있다. 마을숲의 길이는 185m이며 지금은 마을숲 바로 옆으로 3번 국도가 나 있다. 방풍림으로 태풍으로부터 마을을 보호해 주는 역할을 해 왔다.

• **망넘마을 숲** 남해군 미조면 송정리 1136-1 9,606㎡

송정해수욕장이 있는 송남마을은 흔히 망넘마을 또는 망넘이로 불렸다고 한다. 송정해수욕장은 아름다운 백사장을 가진 해수욕장으로 솔숲은 해변을 따라 300m에 걸쳐 펼쳐져 있다. 숲을 이루는 곰솔은 대체로 100년생 내외로 수령이 높지는 않으나 숲의 규모가 크다. 1935년 태풍으로 마을의 가옥과 농경지 등이 큰 피해를 입자 추가로 수목을 심는 등 방풍림을 확장했다고 한다. 곰솔림 중 가장 크고 나이가 많은 나무는 수령 100~150년 정도로 추정된다.

• **벽련마을 숲** 남해군 상주면 양아리 1819-2

마을 안쪽에 해변을 따라 약 70m에 걸쳐 느티나무 8주와 팽나무 1주, 후박나무 4주가 있으며 수령은 100~200년 정도이다. 중간에 60m 정도는 숲이 파괴되어 사라졌으며 마을 앞쪽에 다시 길이 70m에 걸쳐 팽나무 5주, 느티나무 3주가 있다. 이들 나무의 수령은 100~300년 정도로 추정된다. 숲이 둘로 나누어져 있고 단절된 부분까지 포함하면 전체 길이는 200m 정도 된다.

• 상주마을 숲남해군 상주면 상주리 1248

남해 최고의 해수욕장인 상주해수욕장을 감싸고 있는 마을숲으로 길이가 400m에 달하며 바다 쪽으로는 곰솔림이 조성되어 있고 마을 쪽으로는 팽나무를 주로 하는 낙엽활엽수림도 일부 있다. 곰솔 중 줄기가 굵은 나무 몇 주는 가슴높이줄기둘레가 230~240cm 정도였으며 수령은 250년 정도로 추정되고 나머지는 100년 내외로 추정된다. 마을 쪽의 낙엽활엽수는 팽나무가 압도적으로 많으며 느티나무도 약간 있다. 팽나무 5주 정도는 수령 250년 정도로 추정되며 나머지 팽나무 등은 수령 100년생 내외로 추정된다.

• 서상마을 숲 남해군 서면 서상리 1183-1

서상천을 따라 서상마을을 감싸고 약 200m의 길이에 걸쳐 조성된 곰솔 숲으로 숲은 서상천이 바다로 열리는 지점에 있어 바닷바람과 태풍을 막아 주는 역할을 해 온 방풍 숲이다. 숲을 이루고 있는 곰솔의 수는 약 120주이며 사이사이에 느티나무 25주, 말채나무 한 그루와 은행나무 두 그루가 있다. 해송의 수령은 100년 안팎으로 추정되며 가장 큰 나무의 경우 흉고둘레가 2.8m로 수령은 약 200년으로 추정된다.

• 숙호마을 숲 남해군 남면 석교리 300-3

마을 앞 해변에 위치한 방풍 방조림으로 해변은 몽돌밭이다. 지금은 콘크리트 방파제가 해변을 막고 있다. 해변을 따라 약 200m에 걸쳐 있으며 곰솔이 주를 이룬 숲으로 곰솔 숲 사이에 참느릅나무, 이팝나무, 팽나무, 푸조나무, 굴참나무, 후박나무 등이 섞여 있고 북쪽 끝부분에는 소나무도 몇 그루 있다. 곰솔의 수령은 200년 내외로 추정되며 가장 나이가 많은 곰솔은 수령 300년 정도로 추정된다. 숲을 이루는 나무의 수는 130주 정도 된다.

• **신전리 숲**남해군 이동면 신전리 산 266-8

마을은 없고 노거수만 다수 있다. 팽나무 200년생 정도 3주, 팽나무 300년생 정도 1주, 그 외 100년생 미만의 곰솔 1주, 층층나무 1주로 구성됐다.

• 신전숲(앵강다숲)남해군 이동면 신전리 743-3

신전리 마을 앞에 조성되어 해풍을 막아 주는 방풍림으로 갈참나무, 말채나무, 참느릅나무, 모감주나무, 이팝나무 등의 다양한 낙엽활엽수가 우거져 있다. 해변을 따라 길이는 150m 정도로 길지 않으나 폭이 길어 숲의 전체 면적은 약 20,000㎡에 달할 정도로 넓다.

• 오리마을 숲남해군 남면 평산리 273 7,100㎡

오리마을은 남면 소재지와 이곳 오리마을까지의 거리가 십 리의 절반인 오 리라 붙은 이름이라 전하는데 현재 70호 가까운 주민이 살고 있다. 원래 오리마을 숲 앞까지가 바다였으며 숲은 바닷바람을 막기 위해 조성됐으나 마을 앞바다 상당 부분이 매립되어 지금은 방조 방풍림으로서의 마을숲 기능을 상당 부분 잃게 됐다. 또 해성중고등학교가 들어서면서 숲의 삼분지 일 이상이 훼손됐다고 한다. 많이 훼손됐다고 하지만 현재도 약 100주 정도의 낙엽활엽수 노거수들이 남아 있다. 숲을 이루는 나무는 대부분 느티나무로[90% 이상] 그 외 말채나무, 이팝나무, 모감주나무, 팽나무 등이 소수 섞여 있다. 나무의 수령은 약 200년생 가까이 되는 것으로 보이며 최고 수령의 나무는 300년생 정도로 추정되는 팽나무와 느티나무가 있다.

• **원천마을 숲**남해군 이동면 신전리 1105-1 5,000㎡

마을 서편은 바다로 마을숲은 마을과 바다 사이에 위치하여 방풍 방조림으로 기능한다. 숲의 길이는 해변을 따라 약 275m이다. 약 200년생 내외의 낙엽활엽수림으로 느티나무가 대부분[95%]이고 그 외 팽나무, 말채나무, 푸조나무도 보인다.

• 은점마을 남숲남해군 삼동면 물건리 664-1

물건리 은점마을은 해변을 따라 두 곳에 마을숲이 조성되어 있다. 가운데 부분은 숲이 없고 주거 지역이며 숲을 조성하기 전부터 마을이 들어섰거나 아니면 숲을 없애고 마을이 들어섰을지도 모르지만 어쨌거나 해변의 가운데 부분은 방풍림이 없는 상태다. 해변은 두 숲이 모두 방풍 방조림으로 남숲은 길이 150m에 느티나무 6주, 팽나무 5주, 곰솔 3주, 그 외 이팝나무와 말채나무가 각 1주씩 있는데 이팝나무는 가슴높이줄기둘레가 343cm 정도에 수령은 200년 정도로 추정된다. 이팝나무 앞에는 보호수로 지정된 표석이 있다. 느티나무와 팽나무 중 최고령 나무는 수령 300년 정도로 추정된다.

• **은점마을 북숲** 남해군 삼동면 물건리 651-4 외

은점마을에는 마을숲이 둘로 나누어져 있다. 살짝 떨어진 정도가 아니고 꽤 멀리 떨어져 있어 별도로 기록한다. 해변을 따라 길이 약 70m에 걸쳐 숲이 조성되어 있다. 둥치가 많이 부후된 느티나무 노거수가 한 그루 있다. 보호수로 수령 350년으로 설명하고 있으나 필자가 추정하기로는 수령이 500년 정도로 보인다. 이 노거수를 포함하여 느티나무가 17주, 이팝나무 2주, 팽나무 6주, 푸조나무 3주가 있는데 수령은 200년 내외가 주를 이루며 수령이 짧은 나무라도 100여 년 정도로 추정된다.

• 장항마을 숲남해군 서면 서상리 1174-2

서상리 장항마을 앞의 바다에 면해 있는 곰솔 숲으로 길이는 약 350m 정도 된다. 곰솔 숲 앞으로는 반월형의 몽돌 해변이 있어 여름철 물놀이객이 많이 찾는다. 70~100년생 정도의 곰솔 150주 정도가 숲을 이룬 가운데 근년에 심은 50년생 내외의 느티나무 200주 정도가 어우러져 숲을 이루고 있다.

• **전도마을 숲** 남해군 삼동면 금송리 659-5

마을 앞 해변을 따라 145m에 걸쳐 팽나무 11주, 곰솔 10주, 갈참나무 1주, 은행 2주, 아까시나무 1주로 구성된 마을숲으로 울창한 숲이라기보다는 노거수가 듬성듬성 있는 형태이다. 팽나무 노거수 중 수령이 오래된 나무로는 250년 정도 되는 나무가 2~3주 있고 나머지는 100~200년생 정도이다. 곰솔은 100~150년생 정도로 더 후대에 심어진 것으로 보인다.

• 천하숲남해군 미조면 송정리 1379

길이가 약 110m 정도로 마을 앞에서 바닷바람을 막아 주는 방풍 숲으로 조성된 것이다. 해변은 약간 굵은 자갈로 되어 있으며 해수욕이 가능하다. 숲의 바닥도 자갈밭이다. 느티나무 약 28주 중 최고 수령의 나무는 500년생 1주와 400년생 1주가 있고 나머지는 150~300년생 정도로 추정된다. 느티나무 외에 마을 경로당 옆에 참느릅나무 3주가 있는데 수령은 100년 미만이다.

• **초전숲**남해군 미조면 송정리 556 9,000㎡

초전이란 마을 이름은 주변에 갈대가 많다 하여 '새밭금'이라 불리던 것이 한자화되면서 초전으로 불리게 됐다 한다. 초전숲은 길이 400m 정도의 낙엽활엽수림으로 규모도 크고 수령도 비교적 오래됐다. 해변은 자갈과 몽돌로 구성되어 있어 해수욕장으로 이용되며 여름철엔 마을숲이 야영장으로 이용되어 훼손의 우려가 크다. 또한 해변을 따라 콘크리트로 된 도로를 개설하면서 지금은 바다와 숲이 격리되어 자연스런 경관을 해치고 있다. 팽나무 20주, 느티나무 72주, 푸조나무 17주, 말채나무 4주, 참느릅나무 3주, 이팝나무 3주, 곰솔 12주 등이 있고 가장 나이가 많은 나무로는 수령이 300년 된 느티나무와 수령이 250년 정도 된 팽나무가 있다.

• 홍현마을 숲 남해군 남면 홍현리 9-3 9,800㎡

마을 앞으로 바다가 있고 마을숲은 해변에 위치하여 해풍과 해일을 막는 역할을 해 왔다. 1939년 정부의 보조로 태풍으로부터 마을을 보호하기 위해 이 방풍림을 조성했다고 하는데 숲을 이루는 나무의 수령을 감안하면 그 이전에도 일부 방풍림이 있었던 것으로 보인다. 숲의 전체 길이는 670m 정도이고, 숲의 남쪽으로는 민가 사이로 후박나무 같은 상록활엽수가 드문드문 있고 중간이 약간 단절됐다. 나머지는 곰솔림인데 북쪽 끝부분에는 곰솔 외에 팽나무, 회화나무, 굴참나무, 이팝나무, 후박나무 등도 섞여 있다. 곰솔림의 하목으로는 돈나무, 송악, 작은 후박나무, 광나무 등이 자라고 있다. 곰솔의 수령은 100~200년 사이가 대부분이다. 숲을 이루는 토양은 굵은 돌밭이며 해안도 거칠고 큰 돌들로 된 해변이다. 홍현마을 앞에는 예전부터 원시적 어로 작업인 석방렴이 행해지던 곳으로 지금도 석방렴 시설이 두 곳 남아 있다.

밀양시

• 기회송림〔산외긴늪송림〕밀양시 산외면 남기리 838-3 115,000㎡

밀양강을 따라 조성된 인공 송림으로 흔히 긴늪유원지라고도 부른다. 너비 200m, 길이 1.5km에 달하는 큰 규모의 송림이다. 밀양강의 홍수와 범람으로 마을과 농경지에 피해를 입어 오던 남기리 기회마을 주민들이 100여 년 전 홍수를 막기 위해 송림을 조성했다고 한다. 현재 수령 100여 년 된 소나무 9,500주 정도가 강변을 따라 아름다운 숲을 이루고 있어 밀양 사람들의 좋은 휴식처가 되고 있고 특히 여름철에는 좋은 피서지로 알려져 있다.

사천시

• **구암리 솔숲**사천시 구암리 455-1

구암마을 바로 북쪽으로 마을에 인접하여 있는 소나무 숲으로 삭녕최씨朔寧崔氏 문중 묘소를 지키는 숲이다. 17,000㎡에 달하는 꽤 넓은 면적에 수령 200년생 내외의 소나무가 울창하다.

• 능화숲사천시 사남면 우천리 152

수령 100~150년생 서어나무 13그루, 수령 150년 정도의 말채나무 두 그루, 수령 60~100년생 정도의 느티나무 70여 주, 소나무 6그루, 그 외 팽나무, 감나무, 벚나무 등이 숲을 이루고 있다. 능화마을은 서향마을이고 마을 앞에는 논이 펼쳐져 있고 숲의 바로 서쪽으로는 죽천천이 흐르고 있어 마을숲은 이 죽천천의 범람과 홍수를 막는 데 일차적인 목적이 있고 부가적으로 경작지와 마을을 바람으로 지키기 위한 목적으로 조성된 듯하다. 근년에 마을숲을 캠핑장으로 활용하기 위해 바닥을 고르느라 복토를 한 듯 나무 주위가 주변 바닥보다 낮아 여름철에 물이 고이는 등 부작용이 우려되며 장기적으로 나무의 생육 환경에 악영향을 끼칠 것으로 우려된다. 현재 나무 주위는 답압을 방지하려는 듯 반월형 철제판 2장씩을 둘러놓았으나 바닥이 주변보다 깊은 것이 문제로 보인다. 또한 캠핑장으로 사람이 많이 모여 전체적으로 답압이 지속되는 것도 우려할 만한 환경 변화이다.

• **대방진굴항숲** 사천시 대방동 251 2,000㎡

대방진굴항은 사천시 대방동 251번지에 있는 조선 시대의 인공 항구로 조선 순조 때 진주병사가 진주목 관하의 73개 면에서 수천 명의 장정을 동원하여 인공으로 둑을 쌓고 굴항을 만들었다고 한다. 굴항이 완공된 시기는 1820년 경이며 이후 이곳엔 상비군 300명과 병선 2척이 주둔하여 왜구를 방어하는 군사 시설로 이용됐다 한다. 대방진굴항 북쪽에는 동헌과 관사 등이 있었다고 하나 지금은 사라지고 굴항 시설만 남아 있다. 굴항은 곡선으로 이루어지고 육지로 들어와 있어 외해의 파도가 들이치지 않으며 바다 쪽에서 관측되지 않아 병선을 숨기기에 아주 좋은 구조를 하고 있다. 임진왜란 때는 이순신 장군이 이곳에 거북선을 숨겨누기도 했다고 전한다.

굴항의 둑 위에는 팽나무, 느티나무, 푸조나무 등 수령이 150~250년생 정도의 노거수가 우거져 있다. 이 숲은 굴항을 보호하며 외부에서의 관측을 은폐하는 군사적 기능과 함께 굴항을 지키는 병사들의 휴식 장소로서도 기능했을 것이다. 굴항 북쪽의 마을 안에 있는 나이 먹은 느티나무는 수령이 700년 정도로 추정하며 당산목으로 지금도 매년 음력 섣달 그믐날 당산제를 지내고 있으며 굴항 축조 이전부터 있었던 나무로 보인다.

• 수청숲(수청줄나무)사천시 정동면 수청리 258

사천천의 홍수를 방지하기 위해 사천천을 따라 약 650m에 걸쳐 조성된 홍수방지 숲이다. 이전엔 자연 제방을 따라 심겨 있었는데 하천을 다시 쌓으면서 하천 쪽으로 심겨 있던 다수의 나무는 제거되어 지금은 거의 일렬로 늘어서 있다. 수종은 느티나무와 곰솔이 주를 이루며 느티나무 35그루, 곰솔 30그루이며 그 외 왕버들이 다섯 그루 있다. 수령은 대체로 100년 내외로 추정되며 150년 이상으로 추정되는 노거수도 일부 있다.

• 임내숲 사천시 죽림동 572-1 6,600㎡

죽림동 임내마을에 있는 마을숲으로 주 수종은 곰솔이다. 수령은 100~200년생 정도 되며 전체 면적은 6,600㎡ 정도이다.
삼천포 항에 인접해 있어 접근성이 좋아 지역 주민들의 좋은 휴식처가 되고 있으며 운동 시설 및 다수의 편의 시설도 갖추어져 있다.

• 진분계숲 사천시 사남면 계양리 383 14,300㎡

마을의 아래쪽, 와룡산에서 내려오는 계곡 양옆으로 조성된 숲으로 90% 이상이 느티나무이고 그 외 서어나무, 팽나무, 말채나무가 보인다. 수령이 오래된 나무로는 150~200년생 정도의 느티나무 몇 그루가 보이고 대부분은 수령 70~100년생 정도로 추정된다. 숲을 이루는 나무의 수는 200주에 이를 것으로 추정될 정도로 숲의 규모가 크고 면적도 넓다. 숲의 위쪽에는 돌탑이 있으며 20여 년 전까지는 정월 초에 날을 잡아 당산제를 지냈다고 한다. 당산제를 지낼 때는 제관을 뽑았는데 제관은 1주일 전부터 몸을 삼가며 근신했다고 한다. 지금은 캠핑장으로 이용되고 있어 숲의 상태가 나빠질 위험성이 크며 심한 답압踏壓으로 나무가 피해를 입는지 지속적으로 감시할 필요가 있는 곳이다.

• 홀곡마을 숲 사천시 이홀동 467

와룡산에서 홀곡마을로 흘러내리는 계곡의 양안을 따라 형성된 숲으로 숲을 이루는 노거수로는 느티나무 21주, 팽나무 7주, 서어나무 2주가 있다. 수령은 150~200년생 정도로 추정되며 숲 가운데는 상부가 약간 무너진 상태의 돌탑 1기가 있다. 주민들이 숲에서 쓰레기를 소각하기도 해 숲이 훼손될 우려가 크며 제대로 관리되지 않고 있는 실정이다.

산청군

• **모례숲**산청군 신등면 모례리 134-2 외 약 20,000㎡

산청군 신등면 모례리 모례마을 동남쪽 1006번 지방도 바로 옆 얕은 언덕을 따라 조성됐는데 얼핏 자연 숲처럼 보인다. 마을 사람에 의하면 모례숲은 인공으로 심은 소나무 숲으로 모례마을에서 동남쪽 방향의 단계마을이 바라다 보이면 마을이 망한다 하여 조성된 것이라고 한다. 단계는 꽤 들이 넓고 기와집이 즐비해 산청에서도 위세가 강한 마을이었으니 단계마을의 강한 기가 마을을 범하는 것을 막으려 심었다는 것이다. 면적이 꽤 넓고 수백 주의 소나무 노거수가 울창한 숲인데 수령은 200년 내외로 100년 미만의 소나무도 많다. 그러나 마을 주민들은 200년 정도의 수령에 동의하지 않는데 80세 전후의 노옹들이 어릴 때도 매우 큰 소나무였기 때문에 수령이 300년은 됐을 것이라고 주장하고 있다. 큰 소나무들은 대부분 일제 강점기 때 송진을 채취한 흔적이

남아 있다. 모례숲 가운데는 당산[돌탑]이 있는데 마을 입구의 정자 숲 가운데 있는 당산보다 훨씬 크며 지금도 매년 정월 대보름에 동신제를 지낸다고 한다. 모례마을엔 이곳과 정자 숲 당산을 포함하여 전체 4곳의 당산이 있다.

• **모례 정자 숲** 산청군 신등면 모례리 1260

모례마을 앞 1006번 지방도 도로변에 있으며 200년생 내외의 느티나무 세 그루가 서 있고 옆에는 돌탑이 있다. 마을 주민에 의하면 원래의 돌탑은 지금 나무 데크가 있던 자리에 있었는데 데크를 설치하면서 지금의 자리로 돌탑을 조금 옮겼다고 한다. 돌탑은 둥근 강돌로 쌓았는데 옮겨 쌓으면서 시멘트를 사용하여 보강했다. 돌탑의 맨 위엔 새 모양의 김은색 큰 돌을 올려놓아 마치 솟대를 연상케 한다. 모례마을엔 정자 숲 당산을 포함하여 4곳의 당산이 있는데 지금도 동신제를 지낸다고 하며 당산에는 정월 대보름에 동신제를 지낸 흔적으로 금줄이 둘러쳐 있었다.

• **사월숲**산청군 단성면 사월리 88

사월숲은 배양마을과 문익점 선생이 우리나라에서 처음으로 면화를 재배한 면화 시배지 사이에 있는 마을숲으로 마을과 배산서원을 잇는 마을 진입로 역할을 해 왔고 길이는 400m에 달한다. 소나무의 수령은 100년생 내외가 많다. 마을 앞쪽의 터진 곳을 비보하며 강에서 불어오는 찬바람을 막는 역할을 한 것으로 보이는 숲인데 제방이 있기 전에는 강물의 범람을 막기도 했을 것이다.

• 율현리 아래 정자나무 숲산청군 신등면 율현리 420

산청군 신등면 율현리에 있는 정자 숲으로 율곡사 오르는 길목에 두 곳이 있다. 그중 아래쪽에 위치한 정자 숲은 300~400년생 느티나무 네 그루로 구성되어 있으며 이 중 한 그루는 보호수로 지정됐고 수령은 400년 이상으로 추정된다.

• 율현리 위 정자나무 숲산청군 신등면 율현리 433

율현리 위쪽 정자 숲에는 수령 300년 정도의 느티나무 두 그루가 있다.

양산시

- **용연마을 숲** 양산시 하북면 용연리 775-1, 776 외

용연리의 35번 국도변에 있는 숲으로 소나무와 곰솔이 어우러져 있으며 벚나무 등 낙엽활엽수도 간혹 보인다. 국도변을 따라 약 180m 길이에 걸쳐 있으며 수령은 100년 이내로 보인다.

• 초산마을 숲양산시 하북면 초산리 309

초산마을 앞의 양산천변을 따라 조성된 소나무 숲으로 양산천의 범람을 막는 역할을 했던 홍수방지 숲으로 보인다. 숲의 길이가 전체적으로 500m 정도였던 것으로 추정되는데 지금은 중간이 단절되어 두 곳으로 분리되어 있다. 북쪽 숲은 길이 250m에 약 11,000㎡에 달하며 남쪽 숲은 길이 110m에 면적은 약 4,500㎡ 정도이다. 소나무와 곰솔이 함께 어우러진 숲이며 수령은 대개 80~100년생 정도로 추정되며 가장 나이가 많은 거수는 150년생 정도 된다.

의령군

• **내조리 당산 숲** 의령군 칠곡면 칠곡리 419-2

팽나무 5주, 느티나무 3주, 소나무 3주로 된 당산 숲으로 가장 큰 팽나무는 보호수로 지정됐고 가슴높이줄기둘레가 420cm에 달한다. 보호수 안내판에는 수령을 260년으로 추정했으나 350년생 정도는 될 것으로 생각된다. 나머지 느티나무와 팽나무의 수령은 100~200년생 내외로 추정되고 소나무의 수령은 70년 정도로 보인다. 당산 숲 안에 조산 2기가 남아 있다.

진주시

• **뫼등숲** 진주시 수곡면 원계리 511[동월마을]

동월마을 앞 나지막한 언덕에 조성된 소나무 숲으로 수령은 70~100년생 내외로 구성되어 있다. 마을 사람들은 이 숲을 뫼등숲이라 부르는데 뫼등은 경남 지방의 방언으로 무덤, 작은 언덕, 동산 등을 의미한다. 따라서 뫼등숲이란 의미는 동산숲이란 뜻이다. 마을 앞을 가려 주는 비보의 의미도 있겠지만 휴식처가 되고 경관을 좋게 하는 풍치림의 성격이 강한 숲이다.

• 새정숲진주시 금곡면 동례리 산 11[신대마을]

느티나무 세 그루로 이루어진 정자 숲으로 마을 사람들은 새정숲이라 부른다. 새정숲의 의미는 불명확하나 아마 정자 숲이란 뜻이 아닌가 추측한다. 이전엔 이팝나무와 상수리나무 등의 노거수가 함께 있었으나 지금은 느티나무 노거수 세 그루만 남아 있다. 가장 북쪽의 느티나무는 가슴높이줄기둘레가 460cm이고 높이는 23m에 달한다. 진주시에서 보호수로 지정한 노거수로 수령은 500년으로 기록되어 있다. 신대마을은 필자의 고향마을이기도 해 이 정자 숲과 나무의 내력을 알고 있는데 어릴 때의 기억으로는 고사한 큰 줄기의 썩어 가는 잔해가 이 느티나무에 붙어 있었다. 마을 어른들은 지금의 줄기는 고사한 나무 뿌리목에서 움이 자란 것이라고 했으며 고사한 나무의 나이를 합산하면 1,000년은 됐을 것이라고들 했다. 그러나 고사한 잔해와 지금 남아 있는 줄기의 굵기를 생각하면 고사하면서 움이 자란 것이라기보다는 두 줄기 중 큰 줄기가 벼락이나 태풍 등으로 고사하고 작은 줄기가 남아 있는 것이 아닐까 한다. 지금 남은 줄기만을 기준으로 생각하면 수령은 450년 정도로 추정된다.

동쪽의 느티나무 역시 대단한 크기를 자랑하는데 가슴높이줄기둘레가 440cm에 달하며 수령은 400년생 정도로 추정된다. 남쪽의 느티나무는 셋 중 가장 작지만 가슴높이줄기둘레가 370cm에 달하며 수령은 350년 정도로 보인다.

- 수성마을 숲(들디미숲)진주시 이반성면 길성리 645-2

마을 북쪽에서 불어오는 찬바람을 막아 주고 기를 모으는 수구막이 역할을 한 숲으로 보인다. 느티나무 6주, 서어나무 2주로 된 숲이다.

• 수성마을 정자 숲 진주시 이반성면 길성리 1245

수성마을 가운데 자리하고 있어 마을의 쉼터 역할을 해 온 정자 숲으로 수령이 200~250년생인 느티나무 네 그루가 있다.

• **인담마을 숲** 진주시 금곡면 인담리 1274-9

인담마을 가운데로 흐르는 인담천변을 따라 300m에 걸쳐 개울의 양쪽에 조성된 마을숲으로 느티나무, 팽나무, 서어나무 등이 있으며 가장 큰 느티나무와 팽나무는 각각 250년생 정도로 추정되며 나머지는 100~200년으로 이루어져 있다.

• **평동마을 숲1** 진주시 이반성면 길성리 1230

반성천을 따라 길게 남아 있는 마을숲으로 강물의 범람을 막기 위해 조성된 홍수방지 숲이다. 현재는 마을 쪽의 큰 숲, 그리고 경남꿈키움중학교[옛 진산초등학교] 인근의 숲 등 2군데로 나누어져 있지만 이전엔 계룡교에서 진산초등학교까지 모두 이어져 있어 숲의 전체 길이가 1km에 달했다고 한다.

계룡교 부근에 남아 있는 숲의 현재 길이는 약 300m이고 수령 100년에서 300년생 정도의 느티나무, 팽나무가 주를 이루고 있으며 그 외 말채나무, 서어나무, 고욤나무, 감나무, 왕버들 등이 섞여 있다. 경남꿈키움중학교 인근의 숲은 길이가 110m 정도이고 역시 낙엽활엽수 숲이다.

• 평동마을 숲2[열린교회 인근의 숲]진주시 이반성면 길성리 649

평동마을 앞 들 가운데 있는 숲으로 숲 가운데로 작은 농수로가 흐르고 있지만 강한 바람을 약화시켜 경작지를 보호하려는 목적으로 조성된 것으로 보인다. 숲의 길이는 130m에 규모는 크지 않으며 느티나무로 이루어져 있다.

창녕군

• 사리 정자 숲 창녕군 계성면 사리 1274-1

사리의 배롱나무 군락지에서 바로 건너다보이는 마을 언덕 위에 정자나무숲이 있는데 이전부터 마을 사람들의 휴식처로 이용되어 온 곳이다. 느티나무 6주, 회화나무 1주 총 6그루가 있는데 수령이 200~250년 정도는 돼 보이며 최고 수령 느티나무는 수령 300년 정도로 보인다.

창원시

• **거락숲** 창원시 마산합포구 진전면 고사리 1180-13[거락마을]

고사리 푸조나무 숲에서 약 50m 동쪽의 진전천변에 조성된 왕버들과 푸조나무 숲으로 내의 동쪽에는 왕버들 노거수가 50주 이상 있고 서쪽에는 푸조나무 노거수가 약간 있다. 숲을 이루는 왕버들의 수령은 약 150년 전후로 추정된다. 숲의 길이는 거락마을 앞에 약 600m에 걸쳐 있고 400m 정도 북쪽 천변에도 약 200m에 걸쳐 숲이 있다. 홍수방지용으로 조성됐지만 지금은 경관이 좋고 맑은 진전천 물이 흐르고 있으며 수심이 얕아 여름철에는 어린이들을 동반한 가족들의 물놀이장으로 매우 인기가 높다.

• 고현리 숲창원시 마산합포구 진동면 고현리 264번지 일대

마을 서쪽 언덕 위에 있는데 자연적으로 형성된 숲을 잘 보호한 것으로 보인다. 팽나무, 느티나무, 푸조나무, 산벚나무가 보이고 최고 수령은 250~300년 정도로 추정되며 나머지 나무들은 100~200년 정도로 추정된다. 접근성이 나쁘고 관목이 우거져 일일이 조사하기가 어려운 입지에 있다. 숲 바로 아래는 민가가 있고 마을 바로 앞은 바다로 이곳 고현리는 미더덕 산지로 유명하다.

• 곡안마을 숲 창원시 마산합포구 진전면 곡안리 436

수령 200년 내외의 낙엽활엽수림으로 곡안마을의 서쪽으로 흐르는 계곡을 따라 양쪽으로 숲이 조성됐으며 계곡의 범람을 막고 마을의 허한 곳을 비보하기도 하는 이중 목적의 숲으로 보인다. 숲의 길이는 200m 정도에 면적이 8,000㎡ 정도로 꽤 규모가 크다. 숲을 구성하는 수종은 푸조나무가 대부분으로 약 70%를 차지하며, 그 외 느티나무와 서어나무가 다수 있고, 말채나무, 상수리나무, 팽나무, 참느릅나무, 이팝나무, 감나무, 굴피나무도 보인다. 민가가 바로 붙어 있고 경작지가 인접하여 숲의 훼손 가능성이 우려되는 마을숲이다.

• 괴정마을 당산 숲 창원시 진해구 제덕동 548

바다가 보이는 마을 뒷동산에 있으며 숲 안에는 시멘트로 벽을 세운 당집이 있다. 수령 200년생 내외의 곰솔이 10주, 150년생 정도의 느티나무 5주와 역시 150년생 정도의 푸조나무 1주가 있다. 마을 주민에 의하면 당집은 있으나 당산제를 지내지 않은 지 오래됐으며 사람들의 출입도 없어 관목과 덩굴이 우거져 숲 안으로 출입이 어려운 상태다.

• 괴정마을 숲 창원시 마산합포구 진북면 대티리 36

괴정마을회관 주변으로 조성된 마을숲으로 푸조나무 10그루, 팽나무 10그루, 느티나무 한 그루, 서어나무 한 그루로 구성되어 있다. 대체로 수령이 300~400년 된 노거수 집단으로 보존 가치가 매우 큰 노거수림이다. 이 중 가장 큰 푸조나무는 가슴높이줄기둘레가 445cm에 이르며 그다음으로 큰 푸조나무도 가슴높이줄기둘레가 420cm에 달한다. 숲의 성격은 마을 앞의 허한 곳을 가리는 비보 풍치림으로 추측된다.

• 내곡리 소나무 숲[내곡도깨비숲캠핑장]창원시 의창구 북면 내곡리 584

소나무[육송] 순림으로 수령이 200~250년 된 큰 소나무 31주가 있다. 숲의 가운데는 빈 공터라 놀이를 하기 좋은 곳이고 캠핑장으로 운영되고 있으며 흔히 '도깨비숲캠핑장'이라 불리는데 이는 이곳에 도깨비 비슷한 모양을 한 수많은 나무 장승들을 세워 두었기 때문이다. 그런데 무슨 연유인지 그 수많은 장승들은 모두 뽑혀 한군데 폐기되어 있다. 풍수상 마을의 허한 곳을 비보하는 비보 숲으로 보이며 가장 큰 소나무 옆에 조산[돌탑]이 조성되어 있다.

• **내추마을 숲** 창원시 마산합포구 진북면 추곡리 157

당숲 겸 수구막이 숲으로 내추마을의 허한 서쪽을 보완하는 성격의 마을숲으로 보인다. 서어나무 10주와 소나무 1주로 된 숲으로 가장 나이가 많은 서어나무가 수령 100년 정도로 보이며 나머지는 100년생 미만으로 보인다. 숲 가운데는 2개의 조산이 있다.

• **단계마을 숲** 창원시 의창구 동읍 단계리 755

느티나무 네 그루로 된 당산 숲으로 가장 큰 한 그루는 수령 약 300년으로 추정된다.

• 동산마을 숲창원시 마산합포구 진전면 동산리 68-2

동산리 마을 입구 부근에 조성된 풍치 숲으로 느티나무 8주, 참느릅나무 2주로 구성되어 있고 나이 먹은 나무의 수령은 150년 내외로 추정된다.

• 동산리 들숲창원시 마산합포구 진전면 동산리 362

동산리 들 가운데 작은 개천 옆에 조성된 낙엽활엽수림으로 물의 범람을 막고 바람을 막아 경작지를 지키려는 숲으로 보인다. 푸조나무 8주와 팽나무 3주가 있으며 장령목도 여러 그루 자라고 있다. 수령은 100~150년 내외로 보이며 최고 수령은 200년생 정도로 추정된다.

• 동전마을 숲창원시 마산합포구 진동면 동전리 715-1

동전리 마을은 풍수적으로 남쪽, 북쪽, 동쪽은 산이 둘러쳐 있으나 서쪽으로는 휑하니 열려 있어 지기가 빠지는 형국이다. 마을숲은 마을 서쪽을 막아 주는 수구막이 역할을 하는 비보림으로 보이며 크게 세 지역으로 나누어져 있다. 마을로 진입하는 길의 초입에는 서어나무 2주와 느티나무 1주로 된 당산이 있고 큰 조산[돌탑]이 만들어져 있다. 조금 안쪽 산과 이어지는 언저리에는 느티나무 세 그루가 있고 수령은 200년 정도로 추정된다. 이곳에서 들 건너편으로 가장 넓은 마을숲이 있는데 느티나무 25주, 푸조나무 5주, 팽나무 5주, 고로쇠나무 1주가 있고 큰 나무의 수령은 200~250년 정도로 추정된다. 산언저리의 숲과 들 가운데 있는 숲은 원래 이어져 있다가 경지를 확장하고 길을 내면서 단절됐을 가능성이 큰 것으로 보인다.

• 모암마을 당산 숲 창원시 의창구 동읍 신방리 451

아주 큰 바위들 사이에 푸조나무 노거수 7주가 서 있으며 바위를 감안하면 푸조나무는 모두 자연적으로 자란 것으로 보인다. 그 이유는 바위 사이에 나무를 심을 만한 공간과 토양이 없어 푸조나무는 바위를 껴안고 자란 모습을 보이고 있기 때문이다. 가장 큰 푸조나무는 줄기가 둘로 갈라져 자랐으며 보다 굵은 줄기의 가슴높이줄기둘레는 270cm로 수령은 약 300년 정도로 추정된다. 다른 6주의 푸조나무는 수령 150 내지 250년생 정도로 추정된다. 모암마을의 당산 숲으로 이전엔 당산제를 지내 왔으나 지금은 명맥이 끊어졌다고 한다. 전설에 의하면 당산 숲에 있는 바위들은 천상에서 역사를 하던 중 실수로 떨어뜨린 것이라 하며 주민들은 마실바우라 부른다. 이곳엔 푸조나무 외에 약 100년생 내외로 추정되는 회화나무 한 그루가 바위 지대의 북쪽 가장자리에 있으며 이 회화나무는 인위적으로 심어진 나무로 보인다. 또한 수십 년생의 쉬나무 1주가 바위 틈새에서 자라고 있다.

• **부산마을 숲** 창원시 마산합포구 진북면 부산리 77

마을 어귀 계곡의 물이 넘쳐흐르는 것을 방지하는 홍수방지림으로 보이는데 수령은 대체로 150~200년생 정도로 추정된다. 푸조나무 20주, 팽나무 2주, 말채나무 1주, 곰솔과 소나무가 각 1주씩 있다. 가장 큰 푸조나무는 수령 300년 정도로 추정된다. 숲 가운데 조산이 있어 당산 숲을 겸하고 있음을 알 수 있다.

• **안봉대숲** 창원시 마산회원구 내서읍 삼계리 1428-19

삼계리 안계마을 입구의 길 오른편 삼계천변에 있는 당산 숲으로 서어나무 7주, 느티나무 2주로 구성되어 있고 수령은 150년 내외로 추정된다. 숲 안에는 동제당이 있는데 1979년에 주위의 3개 동제당을 통합하여 이곳에 세웠다는 기록이 있는 것으로 보아 가장 중심적인 역할을 해 온 당산 숲임을 알 수 있다.

• 안성마을 숲 창원시 마산회원구 내서읍 안성리 750-2, 774

서어나무가 많은 낙엽활엽수 노거수림으로 서어나무가 24주, 느티나무 18주, 팽나무 6주, 푸조나무 6주, 회화나무 2주, 말채나무 3주, 소나무 2주 등으로 구성되어 있다. 가장 나이많은 나무는 푸조나무로 가슴높이줄기둘레가 430cm에 달하며 수령은 300년 정도로 추정된다. 큰 말채나무도 이채로운데 가슴높이줄기둘레가 270cm에 달하며 수령은 200년 정도로 추정된다. 말채나무가 이 정도로 큰 나무는 보기 쉽지 않다. 안성리숲은 하층숲이 발달하여 큰 나무 아래에 관목과 덩굴이 울창하며 자연 숲과 비슷한 숲의 구조를 보이고 있다. 이 마을숲은 마을 앞으로 터진 곳을 막아 풍수지리적으로 허한 곳을 보완하는 수구막이 역할을 하는 마을숲으로 보인다. 전체적으로 마을숲의 규모가 크고 또 나이 든 노거수가 많은 숲으로 보존 가치가 큰 마을숲이다.

• **양촌마을 숲** 창원시 마산합포구 진전면 양촌리 185-1, 185-6

도로변의 숲으로 느티나무 8주, 그 외 서어나무, 팽나무, 상수리나무가 각 1주씩 있다. 수령 100년 내외로 추정되며 상수리나무 1주는 수령 200년생 정도로 추정된다. 길 건너편(185-1)에는 순국팔의사묘가 있는 곳인데 묘역 북쪽으로 100년생 정도의 서어나무가 주를 이룬 숲이 우거져 있다. 서어나무 외에 팽나무, 푸조나무, 참벚나무, 굴참나무, 상수리나무, 느티나무 등이 섞여 있다.

• **외추마을 숲** 창원시 마산합포구 진북면 추곡리 892 외

외추마을 경로당 옆에 있으며 마을의 정자 숲으로 이용됐으며 당산 숲으로도 여겨져 왔다. 숲 가운데는 작은 규모의 조산[돌탑]이 둘 있다. 느티나무 4주, 팽나무 3주로 총 7주의 노거수가 있으며 가장 나이 먹고 큰 느티나무는 수령이 약 600년으로 추정되며 나머지는 수령 100~200년 정도로 추정된다. 당숲 전체도 가치가 있지만 특히 느티나무 노거수는 줄기가 사방으로 벋어 모양도 특이하고 크기도 매우 큰 노거수로 보호수로 지정하여 관리할 가치가 크다고 본다.

• 이목마을 정자 숲창원시 마산합포구 진북면 187-2 외

느티나무 3주, 팽나무 1주로 구성된 마을 정자 숲으로 가장 나이 먹은 느티나무는 수령 600년 이상으로 추정된다. 이 느티나무는 중앙부가 부후하여 커다란 수동이 만들어져 있는데 장정 3~4명이 그 속에 들어갈 수 있을 정도로 넓다. 세 개의 줄기가 벋어 있는데 수직으로 1개, 북쪽으로 1개 그리고 남쪽으로 완전히 누운 1개로 마치 두 그루의 나무처럼 보이지만 잘 살펴보면 한 그루임을 알 수 있다.

통영시

• 노산마을 숲 통영시 광도면 노산리 379-2

마을 안에 있는 정자 숲으로 팽나무만 6주가 있으며 수령은 200~250년 정도로 추정된다. 동제나 당산제를 지내지 않은 지는 오래됐다고 하지만 답사를 갔을 당시 노거수 앞에는 이틀 전 정월 대보름에 제를 올렸는지 술과 떡 그리고 과일이 놓여 있어 일부 주민들은 여전히 신목으로 받들고 있음을 알 수 있다.

• 수월숲 통영시 도산면 수월리 790-1, 887-1 10,748㎡

수월마을은 김해김씨 서암공파 세거지로 마을숲도 서암공파 종중에서 조성했다고 한다. 숲의 길이가 300m에 면적은 약 10,000㎡로 규모가 큰 마을숲이다. 마을 앞 해변을 따라 조성되어 바닷바람과 해일을 막아 주는 방풍 방조림이면서 물고기가 꼬이게 하는 어부림의 역할을 해 온 숲이다. 해변은 작은 자갈밭이라 해수욕장으로 이용되지는 않으며 전형적인 어촌 마을의 해변이다. 숲 안에 마을회관과 보건진료소가 들어서 있다. 숲을 이루는 나무의 수령은 200년생 내외가 주를 이루고, 팽나무와 느티나무가 많으며 그 외 푸조나무, 이팝나무, 말채나무, 쉬나무가 있고 노거수의 수가 400여 주를 넘는다. 숲의 하목으로는 보리장나무, 길마가지나무, 어린 팽나무와 푸조나무 및 이팝나무 그리고 사철나무, 송악, 작살나무, 화살나무, 박쥐나무, 고로쇠나무 등이 자라고 있다. 지피식물로는 맥문동이 군락을 이루고 있다. 사람들의 출입이 거의 없는 듯 자연 숲처럼 장령목이 많고 또 하층림이 다양하고 자연스럽게 자라고 있다.

• 신봉마을 숲(걸망개숲)통영시 산양읍 신전리 324 1,400㎡

걸망개숲이라고도 불리며 숲 바로 옆에는 개울이 흐르고 있다. 신봉마을은 앞쪽을 제외하고는 산으로 둘러쳐 아늑한 곳인데 풍수적으로 바다 쪽의 허한 곳을 비보하는 성격이 강한 수구막이 숲으로 판단된다. 대개 바닷가에 조성된 숲은 방풍 방조림이며 이 경우 해안을 따라 길게 조성되는 것이 특징인데 신봉마을 숲은 길게 조성되지 않았다는 것도 이를 반증한다. 숲의 중앙에 느티나무 당산목이 있으며 당산목 앞에는 제단이 있다. 매년 음력 삼월 삼짇날 당산제를 지내는데 지금도 이어지고 있다. 숲을 이루는 나무는 팽나무 14주, 느티나무 5주, 말채나무 3주, 곰솔 1주, 푸조나무 1주이다. 당산목은 걸망개숲에서 가장 크고 나이 많은 나무로 수령이 250년생 정도로 추정되며 나머지 나무는 수령 100~200년생 정도이다.

• **원산마을 숲**통영시 도산면 원산리 868-1

원산마을의 뒤쪽은 병풍처럼 산이 두르고 있으며 앞쪽은 넓게 트여 들이 펼쳐져 있다. 마을숲은 마을 앞의 터진 곳을 막아 지기가 새는 것을 막아 주는 역할을 하는 비보 숲이다. 서어나무가 20주로 가장 많으며 팽나무 5주, 큰 느티나무 4주, 곰솔 2주가 보이며 상수리나무 3주가 있다. 50~70년생의 장령목이 다수 자라고 있으며 장령목 중에는 이팝나무도 다수 있다.

함양군

- **도천리 송림** 함양군 서상면 도천리 1047-6

도천리 송림은 남덕유산 자락의 서상중고교 뒤편에 자리 잡고 있으며, 1만 5000여㎡ 면적에 평균 수령 200~300년 가량 되는 아름드리 소나무 수백 그루가 숲을 이루고 있다. 현재 숲 내부에는 학생들이 야외수업이나 명상 등을 할 수 있는 야외 데크 시설이 마련돼 학생들의 휴식 공간과 자연학습장으로도 활용되고 있다.

• 밤숲(율림)함양군 안의면 이전리 468-8

밤숲 또는 율림이라 불려온 숲으로 신라 말 고운 최치원 선생이 산이 빙 둘러친 포란형의 율림마을을 보호하기 위해 가시가 있는 밤송이를 가진 밤나무 숲을 조성하여 밤숲이라 불렸다. 그 후 밤나무는 수명이 짧아 차츰 죽어 사라지고 밤숲을 둘러싸고 있던 소나무 숲이 울창해져 지금에 이르렀다고 전한다.

숲의 남쪽 부분은 소나무 순림이며 북쪽의 삼오정 부근에는 소나무 숲과 함께 100년생 가까이 되는 상수리나무와 굴참나무 40여 주로 이루어진 숲도 일부 있다. 대부분의 참나무 밑둥에는 도토리를 따기 위해 나무를 찍은 자국이 흉터가 되어 남아 있어 먹을 것이 귀한 시절에 주민에게 귀한 먹을거리를 내어 준 존재였음을 알 수 있게 해 준다. 소나무와 상수리나무 및 굴참나무 외에 느티나무와 팽나무도 몇 주 보인다. 숲의 남쪽과 북쪽 끝에 둥근 강돌로 쌓은 조산이 1기씩 있는데 원래 율림에는 조산이 3기 있었으나 새마을 운동으로 훼철됐고 2004년 마을숲 보존 사업으로 2기를 복원하여 쌓았다고 한다. 또 학림정과 삼오정이란 2개의 정자가 있는데, 북쪽에 있는 삼오정의 현판 글씨는 박정희 전 대통령이 썼다. 소나무의 수령은 약 250년 내외로 보이며 최고령 소나무는 300년 정도로 추정된다. 다수의 소나무엔 일제 강점기 때 송진을 채취한 자국이 남아 있다.

- 상백마을 정자 숲 함양군 수동면 상백리 230

상백리 마을 안에 있는 정자 숲으로 수령 300년 정도의 느티나무 2주와 150년 정도의 느티나무 1주 총 3주가 있으며 마을의 쉼터로 기능해 왔다. 가장 큰 나무의 가슴높이줄기둘레는 390cm이다.

• 도천리 숲 함양군 함양읍 죽곡리 173 15,000㎡

도천리 숲 또는 도천리 송림이라 불리지만 숲이 위치하는 곳의 행정구역은 함양읍 죽곡리이다. 도천리는 솔숲 옆으로 흐르는 위천 건너편의 서쪽 마을인데 원래 이 솔숲을 도천리에 세거하던 진양하씨 하맹보 선생이 조성했고 진양하씨 문중에서 관리해 왔기에 도천리 숲이라 불리게 된 것이다. 솔숲을 조성한 동기에 관해서는 위천의 범람으로부터 농지를 보존하기 위해 조성한 것으로 보기도 하며, 골짜기와 하천으로부터 불어오는 바람을 막기 위해 조성했다고도 한다. 일설에는 마을 앞이 훤히 트여 함양 읍내가 보이면 마을에 좋지 않다 하여 수구막이로 심은 것이라고도 한다. 소나무의 수령은 수십 년생에서부터 약 200년생 정도로 추정된다. 위천을 따라 약 300m에 걸쳐 폭 40~60m로 조성되어 있다. 송림 내에는 하한정夏寒亭이란 정자가 서 있는데 진양하씨 문중에서 세운 것이라 한다. 울창한 소나무 노거수 숲 앞으로는 맑은 물이 굽이쳐 흐르고 있어 풍광이 좋아 이웃 주민들의 휴식처이자 지역 선비들의 교유 장소이기도 했다고 전한다.

• 한남마을 숲 함양군 휴천면 남호리 737

동남쪽으로 엄천강을 바라보며 앉은 한남마을 앞에 엄천강변을 따라 조성된 마을숲으로, 엄천강의 범람을 막는 홍수방지 숲이다. 도로로 마을숲이 양분됐으며 한쪽에는 당산으로 조성된 돌무지가 남아 있는데 요즘도 민간신앙이 이루어지는 듯 금줄이 둘러쳐져 있다. 마을숲을 이루는 주요 수종은 느티나무와 소나무이며 그 외 팽나무, 왕버들나무, 말채나무, 산벚나무 등이 있다. 숲을 이루는 다수 나무의 나이는 100~200년 정도 된 것으로 보인다.

합천군

- 구평마을 왕버들 줄나무 합천군 가회면 함방리 723

함방리 구평마을 앞의 신등천을 따라 줄을 지어 조성된 숲으로 신등천의 범람을 막기 위한 목적에서 조성된 것으로 보인다. 왕버들 12주와 팽나무 1주가 남아 있으며 가장 큰 왕버들은 가슴높이줄기둘레가 520cm에 달하며 수령은 250년생 정도로 추정된다. 죽은 왕버들의 그루터기도 3주 보이는 것으로 보아 나무가 노쇠하여 고사하는 나무가 지속적으로 발생하는 것으로 추측된다.

• 문림리 호연정 숲 합천군 율곡면 문림리 224-1

호연정은 이요당 주이李樂堂 周怡, 1515~1564가 예안 현감을 사직한 후 고향으로 돌아와서 세운 정자로 독특하고 자유분방한 건물 양식을 가졌다. 주이는 이곳에서 후학들을 가르쳤다고 한다. 호연정이 있는 문림리라는 이름은 아마도 많은 문사가 배출됐거나 또는 그런 바람을 가진 이름일 것이다. 호연정은 임진왜란 때 불탔으나 그 후 후손들이 재건했다고 한다.

호연정 경내에는 은행나무를 비롯해 많은 노거수가 있으며 울타리 밖의 마을 입구로 들어가는 길 양편에도 상수리나무와 느티나무가 주를 이루는 노거수가 숲을 이루고 있다. 이 중에서 가장 큰 상수리나무는 가슴높이줄기둘레가 455cm에 달하며 수령은 350~400년 정도로 추정되는데 앞의 노거수 편에서 소개한 바 있다.

그 외 수령 100년생 내외의 상수리나무와 굴참나무가 9주 있으며 느티나무는 150년 내지 250년생 정도의 나무가 2주에 100년생 정도가 4주 있다. 또 100내지 150년생 정도의 회화나무가 2주 80년생 전후의 이팝나무 1주가 있다. 호연정에서 조금 벗어난 남쪽 언덕에도 느티나무 노거수가 2주 있는데, 각기 가슴높이줄기둘레가 470cm 및 380cm에 달한다.

5. 부산광역시 및 울산광역시의 마을숲

부산광역시와 울산광역시에서 조사된 마을숲은 천연기념물로 지정된 부산광역시 구포동 당숲 1곳이 있다.

• 부산 구포동 당숲釜山 龜浦洞 당숲

천연기념물 제309호(1982. 11. 9. 지정)
수량 / 면적 3주 / 1286㎡
소재지 부산광역시 북구 구포동 1206-31
소유자 부산광역시
관리자 부산시 북구

현황

구포동 당숲은 1982년 처음 천연기념물로 지정될 때는 '부산 구포동 팽나무'란 이름으로 단일 수목을 대상으로 했으나 2008년 '부산 구포동 당숲'이란 이름으로 문화재 명칭이 지정 변경됐다.

팽나무는 느릅나무과에 속하는 나무로 남부 지방에서는 폭나무, 포구나무 등으로 불린다. 나무가 매우 크게 자라며 옛날부터 풍수지리설에 따른 비보림裨補林이나 바람을 막아 주는 방풍림防風林으로 많이 심었다.

부산 구포동의 팽나무는 지정 당시 나이가 500년 정도에 높이 18.2m, 둘레 5.74m의 거목이었으나 지정 후 나이를 이기지 못하고 고사했고 지금은 고사목으로 남아 있다. 당숲이 있는 곳은 구포역에서 백양산 방향으로 낙동강이 한눈에 내려다보이는 곳이다. 지금은 크게 달라졌지만 이전엔 낙동강에 기대어 고기잡이와 농사를 지으며 살았던 이곳 사람들이 풍어와 풍년을 염원하면서 매년 정월 대보름 자정에 당숲에서 당제를 지내 왔다. 당숲이 있는 곳에는 고당각姑堂閣과 산신각山神閣이 있어 이곳이 당제를 지내는 당숲임을 보여 준다. 당숲이라고 해도 넓은 숲이 있는 것은 아니고 고사한 팽나무 한 그루와 수령 150년생 정도의 소나무 두 그루가 남아 있을 뿐이다. 소나무 두 그루는 팽나무 그늘로 인해 위로 자라지 못해 옆으로 비스듬하게 자라고 있다.

유래

당산 숲이 있는 이곳의 현재 동명은 부산시 북구 구포1동이지만 이전엔 대리 마을이었다. 따라서 마을 사람들은 당산제를 대리 당산제라 부른다. 대리 당산제가 언제부터 시작됐는지는 확실치 않지만 다음과 같은 전설이 전한다.

지금으로부터 약 600여 년 전 대리마을에 사는 김 초시의 딸과 홀어미를 모시고 사는 이웃의 젊은 선비가 서로 사랑하여 부모 몰래 혼약을 했다. 젊은 선비가 과거를 보러 갈 때 처녀는 자기의 이름을 수놓은 손수건을 정표로 주었고, 선비는 팽나무 지팡이를 땅에 꽂으며 이 지팡이가 살아나면 급제해 돌아올 것이라 했다. 그런데 이 처녀를 짝사랑하던 또 다른 이웃 부잣집 청년이 있었는데 청년의 사주를 받은 마을 무당이 자객을 시켜 과거 길의 젊은 선비를 죽이고 말았다. 이를 알길 없는 처녀는 팽나무 지팡이가 살아나기만을 매일 기원했고, 결국 지팡이는 살아나 순이 돋고 잎이 났다. 처녀는 팽나무를 돌보며 선비가 돌아오기를 기다렸으나 삼 년이 지나서 마침내 선비가 죽었다는 비보를 접하게 됐다. 슬픔에 빠진 처녀는 식음을 전폐하다 결국 팽나무에 기댄 채 죽었는데, 처녀가 죽은 자리에서는 새로운 팽나무가 생겨나더니 원래의 팽나무와 연결되어 연리목이 됐다. 처녀가 죽은 후 내리 3년간 마을에 화재가 나고 가뭄과 홍수와 병마가 온 동네를 휩쓰는 등 재앙이 끊이지 않았다. 마을 사람들은 처녀의 원한으로 마을에 재앙이 내리는 것으로 생각하고 억울하게 죽은 남녀의 명혼식冥婚式을 치러 주고 팽나무를 당산나무로 정하여 당산제를 지내니 마을에 내리던 재앙이 사라졌다고 한다.

대리 당산제는 매년 정월 대보름 자정에 올린다. 제주는 마을 사람 중에서 초상이 나거나 집안에 중병을 앓는 사람이 있는 등의 험한 일을 당하지 않은 사람 중에서 뽑는데, 이전에는 제주로 뽑힌 사람은 1년 내내 근신하며 행동거지를 삼갔다고 한다. 제주는 친척이 상을 당해도 문상을 가지 못했으며 이웃이나 친척의 결혼식에도 참석하지 않았다고 한다. 당산제가 있을 즈음엔 한 달간 부부관계도 삼가고 일주일 전부터는 매일 냉수에 목욕을 하는 등 몸을 정갈하게 한다. 당산제에 쓸 제물은 시장에서 최고 상품으로 장만하며 제물을 살 때는 값을 흥정하거나 깎지 않는다고 한다.

당산제는 당숲 내 산신각에서 먼저 치러진다. 산신제는 산신령인 호랑이를 모시는 제사이므로 제물로는 조리가 되지 않은 생 쇠고기를 올린다고 한다. 산신제를 지낸 후 고당각으로 옮겨 당산할미에 대한 제사를 지낸다. 2곳의 제사를 마치면 참석한 대리 사람들과 인근 주민들이 함께 모여 젯밥을 나눠 먹는 것으로 당산제는 끝이 난다.

대리의 당산제는 '대리 당산 보존회'가 조직되어 지금도 이어지고 있는데 다만 보존회장인 제주가 1년 내내 근신하는 것이 무척 어려우므로 지금은 당산제 전후 한 달 보름씩 3개월간 근신한다고 한다.

3부

자연 숲

제5장 자연 숲

전 국토의 70% 이상이 산지인 우리나라는 녹색의 숲이 많다. 그러나 대부분이 자연 그대로의 숲이라기보다는 사람의 간섭에 의해 바뀐 2차 산림이다. 따라서 자연 숲 그 자체는 소중한 자연유산이 된다. 또 자연 숲 그대로가 아니고 사람의 간섭이 상당히 있었더라도 특정 식물의 북한계를 나타내는 경우나 희귀식물의 수림을 보여 주는 경우 등에는 보호 가치가 있어 천연기념물로 지정된 경우가 많다. 그 예로 울산 목도 상록수림은 동해안에서 난대 수종의 북한계로 가치가 있어 천연기념물로 지정됐고 거제 학동 동백 숲은 난대 수종인 동백의 자연림으로서 보존 가치가 있어 천연기념물로 지정됐다.

우리나라 사람들은 자연을 존중하고 자연을 파괴하지 않으려는 심리가 강하지만 인간의 활동은 근본적으로 자연의 이용에 바탕을 두고 있으므로 인간의 활동이 왕성한 곳에서는 자연 숲이 그대로 유지되기 어렵다. 한반도는 기후가 온화하여 사람이 살기 좋아 높은 인구 밀도를 유지해 온 것도 숲의 파괴를 부추긴 큰 요인이라고 볼 수 있다. 따라서 자연 숲으로서 천연기념물로 지정되어 보호받고 있는 경우는, 무인도 등으로 사람의 발길 자체가 닿기 쉽지 않은 특성이 있거나 사람의 주거지와 멀리 떨어져 있어 사람이 이용하기 어려운 점 등의 여러 이유와 주민들이 적극적으로 보호해 왔던 이유가 대부분이다.

1. 경상남도의 주요 자연 숲

경남은 대부분 지역이 온대 기후 지대라 소나무와 참나무를 위시한 온대림의 임상을 보이지만, 남해안과 섬 지방은 난대 기후 지대여서 온대림에 난대림이 섞여 있기도 하다. 이러한 난대림은 많지가 않고 또 파괴되면 온대림으로 전환되는 경우가 많은데, 서남해안 일부 섬에 드물게 남아 있는 상록활엽수 위주의 자연 숲은 보호 가치가 매우 크다고 할 수 있다.

천연기념물로 지정된 비진도 팔손이나무 자생지와 남해 화방사 산닥나무 자생지 및 경상남도 기념물로 지정된 쌍계사 차나무 시배지의 경우는 자연 숲과는 약간 성격이 다르지만 편의상 이곳에서 소개하기로 한다.

1-1. 천연기념물 지정 자연 숲

- 남해 미조리 상록수림南海 彌助里 常綠樹林

천연기념물 제29호(1962. 12. 7. 지정)
면적 1,732m²
소재지 경남 남해군 미조면 미조리 산121
소유자 국유
관리자 남해군

현황

미조리 상록수림을 구성하고 있는 식물들로는 후박나무, 육박나무, 생달나무, 감탕나무, 빗죽이나무, 모밀잣밤나무, 무룬나무, 식나무, 돈나무, 사스레피나무, 광나무, 팔손이나무, 모람, 송악, 보리밥나무, 자금우 등 남해의 다른 곳에서는 찾아보기 힘든 상록활엽수들과 느티나무, 팽나무, 말채나무, 소사나무, 산돌배나무, 쉬나무, 이팝나무, 쇠물푸레, 때죽나무, 굴피나무, 팥배나무, 참느릅나무, 졸참나무, 윤노리나무 등의 낙엽활엽교목, 그리고 조록싸리, 생강나무, 찔레나무, 보리수, 예덕나무, 천선과나무, 작살나무, 쥐똥나무, 붉나무, 검양옻나무, 화살나무, 누리장나무, 초피나무 등의 낙엽활엽관목, 그 외 계요등, 댕댕이덩굴, 칡, 개머루 등의 덩굴식물이 자라고 있다.

이 숲이 우거지면 마을에 훌륭한 인재가 나온다는 전설이 있어 예로부터 잘 보호되어 왔다.

미조리의 상록수림은 강한 바닷바람을 막아 주는 방풍림의 기능과 물고기가 서식하는 데 알맞은 환경을 제공하여 물고기 떼를 유인하는 어부림의 구실도 하고 있으므로 천연기념물로 지정·보호하고 있다.

덧붙이기

미조리 상록수림은 남해의 동남단에 위치한 미조항의 바로 옆 언덕 위에 있다. 남해는 기후가 온난하여 난대성 상록수가 자생할 수 있는 기후를 가지고 있는데 미조리는 남해에서도 동남단에 위치하여 상록수가 자라기 가장 좋은 기후 조건을 가진 곳이다. 미조리 상록수림 바로 아래엔 도로가 나 있지만 예전엔 사실상 바다와 면해 있었을 것으로 생각되는 지형에 있다. 따라서 이 숲은 방조어부림 기능을 할 수 있었을 것으로도 생각된다. 인공적으로 조성됐다는 얘기도 있으나 자연 숲일 가능성이 높은 것으로 보이는 이유는 인근에 옮겨 심을 난대성 상록수가 흔치 않다는 것과 옮겨 심을 경우 후박나무, 육박나무, 생달나무 등의 상록수는 중목 내지 대목의 이식이 매우 어려운 편이라 숲 조성이 용이한 수종이 아니기 때문이다.

이 숲의 이름은 미조리 상록수림이지만 실제는 상록수보다는 활엽수의 종과 비율이 더 높다. 이는 상록수림의 면적이 너무 좁고 낙엽활엽수와 경쟁이 치열한데 상록수림의 면적이 좁고 낙엽활엽수가 침입하는 조건이 되면 상록활엽수가 경쟁에 밀려 지정 당시에 비해 많이 쇠퇴됐기 때문인 것으로 추측된다. 일반적으로 상록활엽수가 빽빽하게 자라는 숲속엔 낙엽활엽수가 침입하기 어려운데 그 이유는 낙엽활엽수는 상록활엽수보다 더 많은 햇빛을 요구하기 때문에 짙은 상록수림에서는 자랄 수 없지만 상록활엽수는 대개 음수라 상당히 짙은 수림하에서도 어린 나무가 자랄 수 있기 때문이다.

• 통영 비진도 팔손이나무 자생지統營 比珍島 팔손이나무 自生地

천연기념물 제63호(1962. 12. 7. 지정)
면적 525,721m²
소재지 경남 통영시 한산면 비진리 산51
소유자 내항마을회 외
관리자 경상남도

현황

팔손이나무는 두릅나무과에 속하는 상록관목으로 경상남도 남해와 거제도 등 해변의 산골짜기에서 자라는데 잎이 손바닥 모양과 같이 7~9갈래로 갈라진 데서 팔손이라 불리게 됐다. 남부 지방에서는 정원수로 많이 심으며 잎이 아름다워 화분에 심어 관상하는 관엽식물로도 인기가 높다.

통영 비진도의 팔손이나무 자생지는 통영시 한산면의 비진도라는 섬에 위치하고 있는데 팔손이나무만 자라고 있는 것은 아니고 동백나무, 후박나무, 생달나무, 메밀잣밤나무, 감탕나무 등의 상록활엽수 아래에 자생하고 있다. 팔손이나무 아래엔 자금우 등의 지피식물이 자라고 있다. 이 자생지는 1959년 사라호 태풍으로 큰 피해를 입은 적이 있으며 바다에 면해 있어 강한 태풍이 불면 피해를 입기 쉬운 입지에 있다.

덧붙이는 말

비진도 팔손이 자생지는 메밀잣밤나무, 후박나무, 생달나무, 동백, 광나무 등의 상록활엽수와 해송 그리고 느티나무, 팽나무 등의 낙엽활엽수가 우거진 해변의 마을숲 아래에 위치하고 있다. 이 숲은 100년 이상 된 해송과 메밀잣밤나무, 후박나무, 느티나무, 팽나무 등 노거수도 많아 마을숲 자체도 보호 가치가 큰 것으로 평가된다.

팔손이나무는 음수인데다 열매를 새들이 즐겨 먹고 씨를 퍼뜨리므로 대개 숲속에 흩어져 자란다. 음수이지만 비진도의 팔손이 자생지는 마을숲 아래에 팔손이가 집단으로 자라고 있는데 너무 그늘져서 생육 상태가 썩 좋지는 않다. 현재도 팔손이 자생지를 보호 유지하기 위해 추가로 나무를 심고 다른 잡목을 제거하는 등의 관리를 하고 있는 것으로 보인다. 그렇게 보는 것은 자연 상태에서 팔손이가 이렇게 집단으로 자라기 어렵고 다른 음지식물들과 함께 어우러져 자라기 때문이다. 어느 정도 관리하는 것이 필요하다면 큰 나무는 그대로 두고 일부 밀집한 작은 나무를 적당히 솎아 주고 송악, 모람, 사위질빵 등의 덤불들을 제거하면 마을숲도 보존되고 팔손이나무가 너무 그늘지는 것도 막게 되어 생육 상태가 개선될 것이다.

• 남해 화방사 산닥나무 자생지南海 花芳寺 산닥나무 自生地

천연기념물 제152호(1962. 12. 7. 지정)
면적 9,917m²
소재지 경남 남해군 고현면 대곡리 산99
소유자 화방사
관리자 남해군

현황

산닥나무는 일본 및 우리나라 남해, 진도, 강화도에 분포하고 있다. 산과 계곡의 나무 밑에 자라며, 특히 물기가 있는 비옥한 곳에서 잘 자란다. 나무껍질과 뿌리의 섬유질은 종이의 원료로 사용한다. 우리나라에서는 매우 희귀한 나무로 주로 절 주변에서 많이 발견된다. 이는 조선 시대에 종이 만드는 일이 대개 절에서 이루어졌는데, 이를 위해 산닥나무를 일본에서 가져와 절 주변에 심었던 것으로 보인다.

남해 산닥나무 자생지는 화방사花芳寺라는 절 입구의 왼쪽 언덕과 계곡을 따라 자라고 있다. 주변에 소나무가 드문드문 있고 상수리나무, 신갈나무 등이 자라고 있는데, 소나무와 잡목 때문에 산닥나무가 점차 줄어들고 있다. 산닥나무 자생지라 하지만 실제 이곳에서 산닥나무는 찾기 어려울 정도로 개체 수가 적고 숲이 너무 우거져 산닥나무가 거의 사라진 상태였는데 최근에 증식된 산닥나무를 보식하고 주변의 수목을 제거하는 등 환경을 개선했다.

• 거제 학동리 동백나무 숲 및 팔색조 번식지巨濟 鶴洞里 동백나무 숲 및 八 色鳥 繁殖地

천연기념물 제233호(1971. 9. 13. 지정)
면적 3,778m²
소재지 경남 거제시 동부면 학동리 산125
소유자 국유
관리자 거제시

현황

동백나무는 차나무과에 속하는 상록수로 남쪽 해안이나 섬에서 자란다.

팔색조는 인도와 인도차이나 반도에서 뉴기니, 오스트레일리아 등에 걸친 지역과 중국, 우리나라, 일본 등지에서 번식하고 겨울에는 월동하기 위해 따뜻한 곳으로 이동한다. 몸 길이 18㎝의 작은 새로 우거진 숲속의 어두운 바위틈이나 바위 위에 거칠게 나뭇가지로 둥지를 튼다. 팔색조는 사람에게 모습을 보이는 경우가 드물지만, 휘파람으로 울음소리를 흉내 내면 잘 유인이 된다고 한다. 학동의 동백림 및 팔색조 번식지는 노자산 기슭 해안에 인접해 있다. 이곳 동백 숲은 14번 국도를 끼고 있는데 2차선 확포장 공사를 하면서 동백 숲도 크게 훼손이 됐고 지금은 국도에 의해 위와 아래로 양분된 상태이다.

팔색조 번식지는 비교적 심한 경사에 암석이 흩어져 있고, 공중 습도가 높은 숲으로 이곳 동백림은 팔색조 번식에 최적의 장소이다. 이곳에는 동백나무와 해송 등의 나무가 우거져 팔색조가 서식하기에 알맞은 환경을 만들어 주고 있다.

• 통영 욕지도 모밀잣밤나무 숲統營 欲知島 모밀잣밤나무 숲

천연기념물 제343호(1984. 11. 19. 지정)
면적 18,737㎡
소재지 경남 통영시 욕지면 동항리 산108-1 등
소유자 공유 및 개인
관리자 경상남도

현황

이 모밀잣밤나무 숲은 욕지도의 행정구역인 욕지면 동항마을 뒷산에 위치한다.

숲을 구성하고 있는 식물로는 가장 대표적인 모밀잣밤나무 100여 그루 외에 상록수인 사스레피나무, 보리밥나무, 팔손이, 생달나무, 모람, 자금우, 마삭줄, 광나무 등과 낙엽활엽수인 작살나무, 때죽나무, 떡윤노리나무, 개서어나무, 검노린재, 굴피나무, 청미래덩굴, 붉나무, 누리장나무, 두릅나무, 예덕나무, 칡, 계요등, 인동, 벚나무, 굴참나무, 쇠물푸레나무, 멍석딸기, 댕댕이덩굴,

섬덜꿩나무, 보리수나무, 국수나무, 진달래, 조록싸리, 팥배나무 등이 있고, 보기 드문 식물인 해변싸리, 애기등, 민땅비싸리 등도 함께 자생하고 있다. 지금은 숲 아래로 길이 생겨 바다와 약간 격리됐지만 이전엔 상록수 자생 숲으로서뿐만 아니라 어부림으로서도 기능했던 숲이다.

• 가지산 철쭉나무 군락加智山 철쭉나무 群落

천연기념물 제462호(2005. 8. 19. 지정)
면적 981,850m^2
소재지 가지산(경남 밀양시 산내면, 울산시 울주군 상북면, 경북 청도군 운문면)
소유자 국유 외
관리자 밀양시, 울주군, 청도군

현황

가지산 철쭉나무 군락지는 울산광역시 울주군, 경상남도 밀양시, 경상북도 청도군에 걸쳐 있는 가지산의 정상부에 위치한다.

철쭉나무는 진달래과 진달래속에 속하는 낙엽활엽관목으로 전국의 산에서 흔히 볼 수 있다. 일찍이 신라 성덕왕聖德王 때 순정공純貞公이 강릉태수로 부임할 때 그의 부인 수로가 철쭉꽃을 갖고 싶어 하자 지나가던 농부가 꽃을 꺾어 바치고 불렀다는 헌화가獻花歌의 전설이 『삼국유사』에 수록되어 있을 정도로 우리 민족 정서와 친숙한 꽃이다.

철쭉나무는 주로 활엽수림의 관목층을 이루는 것이 보통이나 가지산의 철쭉나무 군락지에는 수고가 3.5~6.5m, 수관 폭이 6~10m, 추정 수령이 약 100~450년인 40여 주의 철쭉나무 노거수 및 약 219,000여 주의 철쭉나무가 산 정상부인 981,850㎡에 집중적으로 군락을 형성하고 있어 학술적 및 경관 자원으로서 가치가 크다.

가지산은 해발 1,240m이며, 백두대간에서 뻗어 나온 낙동정맥의 영남팔산 중에서 가장 높은 산으로 가지산도립공원의 주산이다. 철쭉나무 군락지와 주변의 식물상은 4강 35목 81과 225속 3아종 69변종 21품종 총 432종류이다. 까막딱따구리, 검독수리, 붉은배새매, 수리부엉이, 원앙, 하늘다람쥐, 수달 등의 천연기념물이 번식하거나 서식하는 것으로 알려져 있다.

1-2. 도 기념물 지정 자연 숲

• 쌍계사 차나무 시배지雙磎寺 茶나무 始培地

경상남도 기념물 제61호(1987. 8. 6. 지정)
면적 3,116㎡
소재지 경남 하동군 화개면 운수리 산 127-4 외
소유자 쌍계사
관리자 쌍계사

현황

쌍계사 차나무 시배지는 통일신라 흥덕왕 3년828년 당나라에 사신으로 갔던 김대렴이 신라로 돌아오면서 가져온 차나무의 종자를 왕의 명으로 지리산 자락인 이곳에 처음 심었고 그 뒤 흥덕왕 5년에 진감선사가 차를 번식시켰다고 전한다. 지금도 화개장터 입구에서 쌍계사를 지나 신흥에 이르는 양쪽 산기슭에는 야생 및 재배하는 차나무 밭이 12㎞에 걸쳐 널리 펼쳐져 있다. 이곳의 차

는 대부분 녹차로 가공되는데 수확 및 제조시기에 따라 우전, 세작, 중작, 대작 등으로 부르기도 한다. 차는 피로를 회복시켜 주고 정신을 맑게 하는데 도움이 되므로 특히 수행 중인 스님들이 즐겨 마시면서 차의 명맥을 이어 왔다.

지정 이유

쌍계사 차나무 시배지는 우리나라 차의 역사를 알게 해 주는 곳으로, 지금도 야생의 차밭이 남아 있어 기념물로 지정하여 보호하고 있다.

• 거제 윤돌섬 상록수림巨濟 윤돌섬 常綠樹林

경상남도 기념물 제239호(2002. 2. 14. 지정)

면적 11,207㎡

소재지 경남 거제시 일운면 구조라리 산72

소유자

관리자 거제시

현황

윤돌섬은 구조라리의 서쪽, 양지마을에서는 남쪽 500m 해상에 위치하고 있으며 면적은 11,207㎡이고 섬의 70~80%가 상록활엽수로 덮여 있는 무인도이다.

상록수림을 구성하고 있는 주된 수종은 동백나무와 구실잣밤나무이고 그 외에도 광나무, 센달나무, 참식나무, 팔손이, 자금우, 보리밥나무, 남오미자, 돈나무 등이 자라고 있다. 상록수림 하층에는 이대[신이대]가 무성하고 남쪽 절벽 가까이는 해송이 번성하고 있다. 특히 이 섬의 남쪽 높은 곳에는 가슴높이의 나무 둘레가 2.5~3.5m나 되는 구실잣밤나무 노거수들이 여러 그루 자라고 있다. 낙엽활엽수로는 팽나무, 예덕나무, 보리수나무, 천선과나무, 산검양옻나무, 자귀나무, 사위질빵, 개머루, 으아리, 계뇨등 등이 상록수림 가장자리에 자라고 있다. 초본으로는 털머위, 큰천남성, 며느리밑씻개, 비짜루, 맥문동, 산국, 단풍마, 은꿩의다리, 망초 등이 자라고 있다.

경상남도의 남해안에는 상록활엽수가 자생하는 도서 지역이 대단히 많이 있지만 숲을 이루는 수종 대부분이 낙엽활엽수이고 상록활엽수의 비율은 아주 낮은 실정이다. 그러나 윤돌섬은 섬 면적(11,2073㎡, 390평)의 70~80%가 구실잣밤나무, 동백나무, 후박나무, 참식나무, 생달나무 등 상록활엽수가 우점하고 있는 섬으로 특히 섬 정상 부분에는 구실잣밤나무 노거수가 다수 있어 그 가치가 더욱 높다. 윤돌섬 상록수림은 남해안 도서 지역의 자연생태계 연구에 중요한 학술적 자료로 평가된다. 섬에 들어가지 않고도 구조라해수욕장과 망치리 해안에서 바라다 볼 수 있으며 오전에 구조라에서 바라보는 편이 가장 가깝고 보기 좋다.

윤돌섬의 전설

옛날 윤돌섬에는 한 과부가 윤씨 성을 가진 삼형제를 데리고 살고 있었다. 건너편 양지마을에는 홀아비가 살고 있었는데 바다에서 아내를 잃고 날마다 허공에 뜬 달만 쳐다보고 있다고 해서 주위 사람들이 망월이라고 불렀다. 이들 두 사람은 어느덧 서로 간에 연정을 느끼게 됐고 물이 많이 빠지는 밤이면 윤돌섬의 과부는 발을 걷어 올리고 물을 건너 양지마을 망월 노인을 찾아가게 됐다. 추운 겨울이 되자 이를 몰래 바라보고만 있던 아들 삼형제는 어머니를 위하여 큰 돌을 날라 징검다리를 놓아 주니 그 후로 어머니는 버선을 벗지 아니하고도 양지마을 망월 노인을 수시로 찾아갈 수 있게 됐다 한다. 윤씨 삼형제가 어머니를 위하여 돌다리를 놓았다 해서 윤돌섬 또는 효자섬이라고 부르게 됐다고 한다.

1-3. 비지정 자연 숲 기타

- 우도의 동백 숲 3곳

우도에는 나이 많은 큰 동백이 여러 곳에서 숲을 이루고 있는데 면적이 아주 넓지는 않으나 수령이 높은 동백림이므로 보호 가치가 매우 높다.

• 마을 뒷산 남쪽 기슭의 동백 숲 통영시 욕지면 연화리 191-1, 연화리 산 14-14

수령 150~300년 정도의 동백이 두 지역에 군락을 이루고 있다. 아마도 중간 지점을 경작지로 개간하면서 동백 숲이 분리된 게 아닌가 추측되기도 하는데, 그중 한 군락은 도로에 인접하여 이미 일부 훼손됐고 앞으로 훼손될 위험이 커 보인다. 길옆으로 나이 먹은 동백 약 40여 주 정도가 숲을 이루고 있다. 산 14-14 일대의 동백 숲은 주변이 칡넝쿨이 우거져 헤치고 들어갈 수가 없어 상세한 조사가 어려웠다. 두 곳 모두 묵밭에서 발생한 칡이 침입하여 동백 군락을 심하게 위협하고 있어 칡넝쿨의 제거가 시급한 실정이다.

• 마을[큰마을] 뒷산 북사면 9부 능선 일대의 동백 숲 통영시 욕지면 연화리 217-5

야산 정상의 큰 후박나무 노거수 있는 곳 바로 북편 부근으로 몽돌밭 해안 내려가는 길 서쪽에 있는 동백 군락으로 수령 150~250년 생 정도의 동백 노수 60여 주가 숲을 이루고 있으며 구실잣밤나무도 다수 섞여 있다. 이 군락의 정상부 부근은 이전에 경작하던 밭이 있었던 듯하며 지금은 칡넝쿨이 번성하여 침입하므로 동백 숲이 심각하게 위협받고 있다.

• 우도 동남방 사면 해안가의 동백 숲 통영시 욕지면 연화리 산 14-38

산책로 부근과 아래의 해안 쪽으로 수령 약 150년생 내외의 동백 노거수 100여 주가 숲을 이루고 있다. 이곳은 우도 동백림 중에서 면적이 가장 넓어 약 3,305㎡(1,000평) 정도에 걸쳐 분포하고 있으며 동백 외에 구실잣밤나무와 곰솔 등이 약간 섞여 있으나 주 수종은 동백이다.

• 남해 미조도 상록수림남해군 미조면 미조리 산 161-1

남해군 미조항 앞 바다에 있는 무인도로 상록활엽수와 곰솔, 낙엽활엽수 등이 어우러져 있다. 정확한 수종 구성과 수령대 등은 확인하지 못했으나 추후 조사하여 보존 가치 등을 평가할 필요성이 있어 보이는 상록수림이다.

• 거제 죽도 상록수림거제시 남부면 탑포리 산 71

죽도는 쌍근마을 앞쪽 바다 가운데 있는 무인도로 상록활엽수와 낙엽활엽수가 우거져 있다. 수종 구성과 수령대 등을 조사하여 의의와 가치를 평가할 필요가 있어 보인다. 이 숲에는 다수의 백로가 서식하고 있어 아름다운 경관을 연출한다.

2. 부산광역시 및 울산광역시의 식물 문화재

부산과 울산은 바다를 끼고 있어 위도에 비해 기후가 온난하여 온대와 난대 기후가 교차하는 곳이다. 대체로 온대림의 임상을 보이지만 난대림도 곳곳에 남아 있어 보존 가치가 크다.

2-1. 천연기념물

• 부산 범어사 등나무 군락釜山 梵魚寺 藤나무 群落

천연기념물 제176호(1966. 1. 13. 지정)
수량 / 면적 6500주 / 5.6ha
소재지 부산 금정구 청룡동 산 2-1
소유자 범어사
관리자 금정구청

현황

등나무는 콩과에 속하는 낙엽성 덩굴식물로 봄에 보랏빛의 향기로운 꽃을 피우며, 줄기는 오른쪽으로 감기며 10m 이상 자란다. 우리나라에는 남쪽에서 자라는 애기등과 전국적으로 퍼져 있는 등나무 등 2종이 자생하고 있으며, 정원수, 환경미화용 등 조경의 소재로 많이 쓰이고 있다.

범어사 등나무 군락은 부산 금정산 중턱에 있는 범어사梵魚寺 앞의 계곡에 있다. 범어사는 신라 문무왕재위 661~681 때 의상대사가 절을 세운 이후 수많은 고승을 배출한 유서 깊은 고찰이다. 계곡의 큰 바위 틈에서 자란 약 6,500여 그루의 등나무가 소나무, 팽나무, 느티나무 등의 큰 나무를 감고 올라가며 뒤엉켜 있다. 등나무가 무리지어 사는 계곡을 등운곡藤雲谷이라고도 하며, 금정산 절경의 하나로 꼽아 왔다. 이곳에 언제부터 등나무가 군락을 이루게 됐는지는 정확히 알 수 없으나 등나무 껍질에서 얻는 섬유는 닥나무 대신에 한지를 만드는 데 사용되므로 범어사 스님들이 종이를 만들기 위해 보호해 온 것이 아닌가 짐작하고 있다. 등나무 군락의 유래는 꽤 오래된 것으로 추측된다. 그중 나이 먹은 등나무도 수령이 100년 남짓인데, 이것은 등나무를 지속적으로 베어 이용했기 때문이다. 가장 큰 등나무는 가슴높이줄기둘레가 약 140cm, 길이 15m에 이른다.

지정 이유

범어사 등나무 군락지를 천연기념물로 지정하여 보호하는 것은 등나무가 무리지어 사는 것이 매우 드물기 때문에 생물학적 연구 자료로서의 가치가 높기 때문이다.

• 울주 목도 상록수림蔚州 目島 常綠樹林

천연기념물 제65호(1962. 12. 7. 지정)
면적 15,074㎡
소재지 울산 울주군 온산읍 방도리 산 13
소유자 울산광역시
관리자 울주군

현황

목도는 온산공단의 해안에서 불과 300m 떨어진 지점에 있는 작은 섬으로 그 모양이 사람의 눈과 같이 생겼다고 하여 목도目島라고 하는데, 동백나무가 많아 동백섬椿島이라고도 하고 신라 때는 화살을 만들기 위하여 대나무를 심었기 때문에 죽도竹島로 부르기도 했다고 한다. 상록수림은 섬 전체에 고루 분포하고 있으며, 주요 자생 식물로는 동백나무, 곰솔, 사철나무, 후박나무, 다정큼나무 등의 상록수와 벚나무, 팽나무, 자귀나무, 두릅나무, 노린재나무, 칡, 멍석딸기, 인동덩굴, 등나무, 감나무 등의 낙엽활엽수가 함께 자라고 있다.

목도의 상록수림은 우리나라 동해안 쪽에 있는 유일한 상록수림이며, 물고기가 서식하는 데 알맞은 환경을 제공하여 물고기 떼를 해안으로 유인하는 어부림의 역할도 하고 있다.

현재 울주 목도는 상록수림의 보호를 위해 공개 제한 지역으로 지정되어 있어 관리 및 학술 목적 등으로 출입하고자 할 때에는 문화재청장의 허가를 받아야 한다.

지정 이유

목도 상록수림은 동해안에 있는 유일한 상록활엽수림이어서 학술적으로 가치가 크므로 천연기념물로 지정됐다.

• 가지산 철쭉나무 군락加智山 철쭉나무 群落

천연기념물 제462호(2005. 8. 19. 지정)

*347쪽 '가지산 철쭉나무 군락' 참조.

2-2. 시 기념물

• 가덕도 동백군락加德島 冬栢 群落

부산광역시 기념물 제36호(1993. 2. 1. 지정)
면적 98,500㎡
소재지 부산 강서구 대항동 산 13-24
소유자 국유
관리자 강서구

현황

가덕도는 낙동강 하구의 서쪽 해상에 위치하고 있는 섬으로 부산에 속한 제일 큰 섬이다. 동백나무 군락은 가덕도의 국수봉과 남산의 동쪽 중앙 계곡을 중심으로 해안 암벽 위 동남쪽 가파른 곳에 있다. 동백나무의 나이는 50~100여 년으로 정도로 추정되며, 2,500그루 정도가 군락을 이루며 자라고 있다. 가덕도 동백 군락은 현재 군사 보호 구역으로 일반인의 출입이 금지되어 있다.

가덕도 자생 동백군은 우리나라의 대표적 난대 수종인 동백나무가 집단적으로 자라고 있는 지역으로 생물학적 보존 가치가 인정되어 기념물로 지정됐다.

부록

경상남도의 노거수 목록

경상남도의 마을숲 목록

경상남도의 노거수

◆ 도 기념물급 이상의 문화재로 지정 가치가 높은 노거수
◆◆ 고사 등의 이유로 기념물의 가치를 상실하여 지정을 해제해야 할 대상

지역	명칭	소재지
거제시	덕포리 이팝나무	거제시 덕포동 1039
	명진리 느티나무	거제면 명진리 220
	외간리 동백나무 2주	거제면 외간리 444
거창군	당산리 당송	위천면 당산리 331
	무촌리 은행나무	남상면 무촌리 1344-8
	연수사 은행나무	남상면 무촌리 40-1
	원천 느티나무	가조면 장기리 772-1
	수승대 느티나무(구연서원 밖)	위천면 황산리 741-9
	수승대 느티나무 5주	위천면 황산리 741-9
	무월숲 느티나무	위천면 모동리 411
	수승대 은행나무1	위천면 황산리 741-9
	수승대 은행나무2	위천면 황산리 741-9
고성군	북평리 찰피나무	개천면 북평리 산 57-1(옥천사 청련암)
	내곡리 팽나무	동해면 내곡리 1691
	송천리 팽나무	하일면 송천리 218
	전승목(푸조나무)	마암면 삼락리 산 108-4
김해시	신천리 이팝나무	한림면 신천리 503
	천곡리 이팝나무	주촌면 천곡리 885
남해군	창선면 왕후박나무	창선면 대벽리 669-1
	당항리 느티나무	남면 당항리 1503-4
	은점마을 북숲 느티나무	삼동면 물건리 651-4
	죽전리 비자나무	남면 당항리 1997
	화천마을 팽나무	삼동면 동천리 1564-1
	남상마을 곰솔	서면 남상리 1166-8
	중리 곰솔	서면 남상리 685
	노구리 곰솔	서면 노구리 산 42-3
사천시	성내리 비자나무	곤양면 성내리 194-9
	대방진굴항 느티나무	대방동 756-1
산청군	평지리 은행나무	신등면 평지리 1295-8
	청송사 소나무	시천면 중산리 309
	율곡사 감나무1	신등면 율현리 1034

가슴높이줄기둘레	수령	비고(등급)
300	250	경남 기념물
770	600	경남 기념물
230	300	경남 기념물
410	400	천연기념물
	400	경남 기념물
660	600	경남 기념물
780	500	경남 기념물
480	350	
630	500	
770	500	
420	300	
		경남 기념물(고사) ◆◆
415	300	
	350	
	500	◆
	600	천연기념물
470	500	천연기념물
	500	천연기념물
700	600	경남 기념물
	500	
	600	경남 기념물
530	400	
	300	
	200	
	300	
385	300	천연기념물
	700	
425	500	경남 기념물
390	450	경남 기념물
290	350	◆

지역	명칭	소재지
	율곡사 감나무2	신등면 율현리 1034
밀양시	무안리 향나무	무안면 무안리 903-2
	죽월리 느티나무	무안면 죽월리 683
양산시	신전리 이팝나무	상북면 신전리 503
의령군	성황리 소나무	정곡면 성황리 산 34-1
	세간리 현고수(느티나무)	유곡면 세간리 1000
	세간리 은행나무	유곡면 세간리 808
	백곡리 감나무	의령군 정곡면 백곡리 576-1
	충익사 모과나무	의령읍 중리 467-2
	성황리 소나무	정곡면 성황리 산 34-1
	세간리 굴참나무	유곡면 세간리 산 58
	행정리 은행나무1	대의면 행정리 449
	행정리 은행나무2	대의면 행정리 449
진주시	동례리 느티나무	금곡면 동례리 1234-10
	정평리 무환자나무	집현면 정평리 산 77-1(응석사)
	신담마을 느티나무	금곡면 검암리 1206-1
창녕군	사리 배롱나무군	계성면 사리 산 11
창원시	신방리 음나무 군 4주	동읍 신방리 산 652
	인곡리 모과나무	진북면 인곡리 439(의림사)
	개양마을 느티나무1	마산합포구 진전면 양촌리 513
	개양마을 느티나무2	마산합포구 진전면 양촌리 453-6
	괴정마을 팽나무	진해구 제덕동 620-1
	내추마을 감나무	마산합포구 진북면 추곡리 산 214-1
	부산리 느티나무	마산합포구 진북면 부산리 119-1
	북부리 팽나무	의창구 대산면 북부리 102-1
	소포마을 팽나무1	마산합포구 진전면 시락리 104-2
	소포마을 팽나무2	마산합포구 진전면 시락리 105-1
	외추마을 느티나무	마산합포구 진북면 추곡리 892
	유등리 팽나무1	의창구 대산면 유등리 181-5
	유등리 팽나무2	의창구 대산면 유등리 181-5
통영시	우노 생달나무와 후박나무	통영시 욕지면 연화리 203
	추도 후박나무	산양면 추도리 508
	매물도 후박나무	한산면 매죽리 201
	충렬사 동백 2주	명정동 213
	덕치마을 느티나무	도산면 관덕리 871

가슴높이줄기둘레	수령	비고(등급)
200	250	
110	300	경남 기념물
650	500	
		천연기념물
480	400	천연기념물
	500	천연기념물
910	600	천연기념물
368	450	천연기념물
310	500	경남 기념물
320	300	◆
325	250	
	400	
575	400	
670	600	경남 기념물
215	200	경남 기념물
520	450	
	150	경남 기념물
320~540	400	천연기념물
330	300	경남 기념물
550	500	
440	400	
440	350	
170	250	
	400	
680	600	◆
	350	
	200	
	600	◆
515	400	
	300	
	생달나무 400년, 후박나무 500년	천연기념물
	500	천연기념물
390	300	경남 기념물
	300	경남 기념물(4주 중 2주는 고사)
750	600	◆

지역	명칭	소재지
	우도 구실잣밤나무	욕지면 연화리 188-2(우도)
	우도 후박나무	욕지면 연화리 산 18-27(우도)
	충렬사 금목서1	명정동 213
	충렬사 금목서2	명정동 213
	충렬사 금목서3	명정동 213
	충렬사 후피향나무	명정동 213
하동군	축지리 문암송	악양면 축지리 산 83-1
	두양리 은행나무	옥종면 두양리 산 36
	범왕리 푸조나무	화개면 범왕리 산 37
	정금리 차나무	화개면 정금리 산 74
	청룡리 은행나무	옥종면 청룡리 272
함안군	영동리 회화나무	칠북면 영동리 749-1
함양군	목현리 구송	휴천면 목현리 854
	운곡리 은행나무	서하면 운곡리 779
	학사루 느티나무	함양읍 운림리 27-1
	금대암 전나무	마천면 가흥리 산17-1
	도천리 소나무	병곡면 도천리 717
	벽송사 소나무	마천면 추성리 산18-19
	오봉 느티나무	안의면 이전리 321
합천군	화양리 소나무	묘산면 화양리 835
	학사대 전나무	가야면 치인리 산 1-1
	성산리 느티나무	쌍책면 성산리 598
	오도리 이팝나무	합천군 가회면 오도리 619
	문림리 상수리나무	율곡면 문림리 224-1
	어전리 느티나무	삼가면 어전리 876-1
	학리 느티나무	삼가면 학리 896
	호연정 은행나무1	율곡면 문림리 224-1
	호연정 은행나무2	율곡면 문림리 224-1
	호연정 상수리나무1	율곡면 문림리 224-1
	호연정 상수리나무2	율곡면 문림리 224-1
	호연정 배롱나무 2주	율곡면 문림리 224-1
	율곡면 문림리 느티나무1	율곡면 문림리 224-1
	율곡면 문림리 느티나무2	율곡면 문림리 224-1

가슴높이줄기둘레	수령	비고(등급)
뿌리목 둘레, 380	300	
뿌리목 둘레, 370	250	
170	300	◆
170	300	◆
110	250	◆
120	300	◆
320	600	천연기념물
	800	경남 기념물
625	600	경남 기념물
	200	경남 기념물(고사) ◆◆
	600	경남 기념물
578	500	천연기념물
	350	천연기념물
875	800	천연기념물
725	550	천연기념물
290	600	경남 기념물
280	350	경남 기념물
120	250	
525	450	
615	550	천연기념물
	300	천연기념물
610	500	경남 기념물
	650	경남 기념물
455	350	◆
610	450	
515	400	
460	450	
475	450	
	250	
	150	
	150	
470	350	
380	300	

경상남도의 마을숲

◆ 도 기념물급 이상의 문화재 지정 가치가 높은 마을숲

지역	명칭	소재지
거제시	한내리 모감주나무 군락	거제시 연초면 한내리 183
	가배마을 숲	거제시 동부면 가배리 692
	덕포마을 숲	거제시 덕포동 366
	쌍근마을 숲	거제시 남부면 탑포리 538-3
	오량마을 숲	거제시 사등면 오량리 1300-6
	오송마을 정자 숲	거제시 동부면 오송리 141-5
	옥산마을 숲	거제시 거제면 옥산리 405
	외간마을 숲	거제시 거제면 외간리 434-5
	학동마을 서숲	거제시 동부면 학동리 606
	학동마을 동숲	거제시 동부면 학동리 698
거창군	갈계숲	거창군 북상면 농산리 361
	무월숲	거창군 위천면 모동리 411
	수승대 솔숲	거창군 위천면 황산리 890
	동호숲	거창군 웅양면 동호리 1069
	장풍숲	거창군 마리면 율리 940-7
	장기리 솔숲	거창군 위천면 장기리 611-1
고성군	장산숲	고성군 마암면 장산리 230-2
	검포숲	고성군 동해면 양촌리 1342-1
	두호숲	고성군 마암면 두호리 498-4
	송천마을 숲	고성군 하일면 송천리 218
	임포마을 숲	고성군 하일면 학림리 330
	장산 서숲	고성군 마암면 장산리 322-66
남해군	물건리 방조어부림	경남 남해군 삼동면 물건리 산12-1
	구미마을 숲	남해군 남면 덕월리 1140-1
	금천마을 숲(노루목숲)	남해군 삼동면 동천리 330-2
	두곡숲	남해군 남면 당항리 535
	둔촌마을 숲	남해군 삼동면 금송리 1416-2
	망넘마을 숲	남해군 미조면 송정리 1136-1
	벽련마을 숲	남해군 상주면 양아리 1819-2
	사촌마을 숲	남해군 남면 임포리 1173-1
	상주마을 숲	남해군 상주면 상주리 1248
	서상마을 숲	남해군 서면 서상리 1183-1
	숙호마을 숲	남해군 남면 석교리 300-3
	신전리 숲	남해군 이동면 신전리 산 268-8

입지	성격(구분)	수종	면적(m^2)	비고(등급)
해안	방풍	모감주나무		경남 기념물
동산	방풍	낙엽활엽수		
해안	방풍	곰솔		
해안	방풍	낙엽활엽수		
마을 외곽	군사	낙엽활엽수(팽나무 단일 수종)		
동산	정자	낙엽활엽수		
천변	홍수방지	낙엽활엽수		
마을 안	풍치	낙엽활엽수와 곰솔		
해안	방풍	곰솔과 소수의 팽나무		
해안	방풍	곰솔		
천변	홍수방지	소나무, 낙엽활엽수 약간	24,000	
동산	비보	소나무		
천변	풍치	소나무		
동산	비보	소나무, 상수리 약간		
천변	풍치	소나무		
천변	홍수방지	소나무		
마을 외곽	비보	낙엽활엽수		경남 기념물
해안	방풍	낙엽활엽수		
동산	방풍	낙엽활엽수, 소나무와 곰솔 약간		
해안	방풍	곰솔과 서어나무		
마을 안	방풍	낙엽활엽수		
천변	홍수방지	낙엽활엽수		
해안	방풍	낙엽활엽수		천연기념물
해안	방풍	낙엽활엽수	51,000	◆
해안	방풍	모감주나무 단일		
해안	방풍	곰솔		
해안	방풍	낙엽활엽수		
해안	방풍	곰솔		
해안	방풍	낙엽활엽수		
해안	방풍	곰솔		
해안	방풍	곰솔, 느티, 팽나무 약간		
해안	방풍	곰솔과 느티나무		
해안	방풍	곰솔과 낙엽활엽수		
해안	풍치	낙엽활엽수		

지역	명칭	소재지
	신전숲(앵강다숲)	남해군 이동면 신전리 743-1
	오리마을 숲	남해군 남면 평산리 273
	원천숲	남해군 이동면 신전리 1105-1
	은점마을 남숲	남해군 삼동면 물건리 664-1
	은점마을 북숲	남해군 삼동면 물건리 651-4
	장항마을 숲	남해군 서면 장항리 1174-2
	전도마을 숲	남해군 삼동면 금송리 659-5
	천하숲	남해군 미조면 송정리 1379
	초전숲	남해군 미조면 송정리 556
	홍현마을 숲	남해군 남면 홍현리 9-3
밀양시	구기리 당숲	밀양시 청도면 구기리 1535
	기회송림	경남 밀양시 산외면 남기리 838-3
사천시	연천숲	사천시 사남면 우천리 495-1
	구암리 솔숲	사천시 사천읍 구암리 455-1
	능화숲	사천시 사남면 우천리 152
	대곡숲	사천시 정동면 대곡리 453
	대방진굴항숲	사천시 대방동 251
	수청숲	사천시 정동면 수청리 258
	임내숲	사천시 죽림동 572-1
	진분계숲	사천시 사남면 계양리 383
	홀곡숲	사천시 이홀동 467
산청군	실매리 왕버드나무군	산청군 차황면 실매리 881-49
	모례숲	산청군 신등면 모례리 134-2
	모례 정자 숲	산청군 신등면 모례리 1260
	사월리 숲	산청군 단성면 사월리 88
	율현리 아래정자나무 숲	산청군 신등면 율현리 420
	율현리 윗정자나무 숲	산청군 신등면 율현리 433
양산시	구소석마을 숲	양산시 상북면 석계리 1089-1
	용연마을 숲	양산군 하북면 용연리 775-1
	초산마을 숲	양산시 하북면 초산리 309
의령군	내조리 당산 숲	의령군 칠곡면 칠곡리 419-2
진주시	수성마을 숲	진주시 이반성면 길성리 645-2
	수성마을 정자 숲	진주시 이반성면 길성리 1245
	신대마을 새정숲	진주시 금곡면 동례리 산 11
	동월마을 뮛등숲	진주시 수곡면 원계리 511
	인담마을 숲	진주시 금곡면 인담리 1274-9
	평동마을 숲	진주시 이반성면 길성리 1230

입지	성격(구분)	수종	면적(m^2)	비고(등급)
해안	방풍	낙엽활엽수		
해안	방풍	낙엽활엽수	7,000	
해안	방풍	낙엽활엽수(느티나무)		
해안	방풍	낙엽활엽수		
해안	방풍	낙엽활엽수		
해안	방풍	곰솔과 느티나무	11,348	
해안	방풍	낙엽활엽수와 곰솔		
해안	방풍	느티나무		
해안	방풍	낙엽활엽수		
해안	방풍	곰솔과 낙엽활엽수	9,800	
마을 외곽	비보	낙엽활엽수	7,300	◆
천변	홍수방지	소나무	115,000	
마을 외곽	비보(염승)	낙엽활엽수		
동산	풍치	소나무		
천변	홍수방지	낙엽활엽수		
마을 외곽	비보	소나무		◆
동산	군사	낙엽활엽수		
천변	홍수방지	느티나무와 곰솔		
천변	홍수방지	곰솔과 낙엽활엽수 약간	6,600	
천변	홍수방지	낙엽활엽수	14,300	
천변	홍수방지	낙엽활엽수		
천변	홍수방지	왕버들		경남 기념물
동산	염승	소나무		
동구	정자	느티나무		
천변	방풍	소나무		
동구	정자	느티나무		
동구	정자	느티나무		
마을 안	홍수방지	낙엽활엽수	3,400	◆
마을 외곽	비보	소나무		
천변	홍수방지	소나무와 곰솔		
동구	당산	팽나무, 느티나무, 소나무		
동구	비보	느티나무, 서어나무		
동구	정자	느티나무		
마을 안	정자	느티나무		
동산	풍치	소나무	4,000	
천변	홍수방지	낙엽활엽수		
천변	홍수방지	낙엽활엽수		

지역	명칭	소재지
	평동마을 들숲	진주시 이반성면 길성리 649
창녕군	사리 정자 숲	창녕군 계성면 사리 1274-1
창원시	거락숲	창원시 마산합포구 진전면 고사리 1180-13
	고사리 푸조나무숲	창원시 마산합포구 진전면 고사리 1007
	고현리숲	창원시 마산합포구 진동면 고현리 264
	곡안마을 숲	창원시 마산합포구 진전면 곡안리 436
	괴정마을 당산 숲	창원시 진해구 제덕동 548
	괴정마을 숲	창원시 마산합포구 진북면 대티리 36
	내곡리 소나무숲	창원시 의창구 북면 내곡리 584
	내추마을 숲	창원시 마산합포구 진북면 추곡리 157
	단계마을 숲	창원시 의창구 동읍 단계리 755
	동산마을 숲	창원시 마산합포구 진전면 동산리 68-2
	동산마을 숲2	창원시 마산합포구 진전면 동산리 362
	동전마을 숲	창원시 마산합포구 진동면 동전리 715-1
	모암마을 당산 숲	창원시 의창구 동읍 신방리 451
	부산마을 숲	창원시 마산합포구 진북면 부산리 77
	삼풍대숲	창원시 마산회원구 내서읍 삼계리 12
	안봉대숲	창원시 마산합포구 내서읍 삼계리 1428-19
	안성마을 숲	창원시 마산합포구 내서읍 안성리 750-2
	양촌마을 숲	창원시 마산합포구 진전면 양촌리 185-1
	외추마을 숲	창원시 마산합포구 진북면 추곡리 892
	이목마을 정자 숲	창원시 마산합포구 진북면 187-2
	지산마을 숲	창원시 마산합포구 진북면 지산리 226-19
통영시	노산마을 숲	통영시 광도면 노산리 379-2
	수월숲	통영시 도산면 수월리 790-1
	신봉마을 숲(걸망개숲)	통영시 산양면 신전리 324
	원산마을 숲	통영시 도산면 원산리 868-1
하동군	하동 송림	하동군 하동읍 광평리 443-10
함양군	함양 상림	함양군 함양읍 대덕리 246
	개평리 소나무 군락지	함양군 지곡면 개평리 251
	도천리 송림	함양군 서상면 도천리 1047-6
	상백마을 정자 숲	함양군 수동면 상백리 230
	이전리 밤숲	함양군 안의면 이전리 468-8
	도천리 숲	함양군 함양읍 죽곡리 173
	한남마을 숲	함양군 휴천면 남호리 737
합천군	구평마을 왕버들 줄나무	합천군 가회면 함방리 723
	문림리 호연정 숲	합천군 율곡면 문림리 224-1

입지	성격(구분)	수종	면적(m^2)	비고(등급)
마을 외곽	방풍	느티나무		
동산	정자	느티나무, 회화나무		
천변	홍수방지	왕버들, 푸조나무		
천변	홍수방지	푸조나무		◆
동산	당산	낙엽활엽수		
천변	홍수방지	푸조나무를 주로 한 낙엽활엽수		
동산	당산	곰솔과 느티나무		
마을 안	비보	낙엽활엽수		
마을 외곽	비보	소나무		
동구	비보	서어나무		
마을 안	당산	느티나무		
동구	비보	느티나무, 참느릅나무		
천변	홍수방지	푸조나무, 팽나무		
마을 외곽	비보	낙엽활엽수		
동산	당산	푸조나무		
천변	홍수방지	낙엽활엽수		
동구	비보	낙엽활엽수	5,800	◆
동구	당산	낙엽활엽수		
동구	비보	낙엽활엽수		
마을 외곽	풍치	낙엽활엽수		
마을 안	당산	낙엽활엽수		
동구	정자	느티나무, 팽나무		
천변	홍수방지	낙엽활엽수		
마을 안	정자	팽나무		
해안	방풍	낙엽활엽수		
마을 외곽	비보	낙엽활엽수		
마을 외곽	비보	낙엽활엽수		
천변	홍수방지	소나무		천연기념물
천변	홍수방지	낙엽활엽수		천연기념물
동산	비보	소나무		경남 기념물
동산	풍치	소나무		
마을 안	정자	느티나무		
마을 외곽	비보	소나무림에 상수리나무 약간		
천변	홍수방지	소나무		
천변	홍수방지	소나무와 낙엽활엽수		
천변	홍수방지	왕버들		
동산	풍치	낙엽활엽수		

참고문헌

- 강전유, 『수목 외과수술 자료』, 나무종합병원, 1993.
- 강희안, 이병훈 역본, 『양화소록』, 을유문화사, 1973.
- 김수희, 「해안 마을숲의 문화경관 특성에 관한 연구-경상남도 남해안을 중심으로-」, 진주산업대학교 산업대학원 석사학위논문, 2010.
- 김용수·임원현·노정화·윤영환, 「노거수목의 보호와 활용에 관한 연구」, 『한국정원학회지』14(2), 한국정원학회, 1996.
- 김학범·장동수, 「고문헌에 나타난 한국 마을숲의 시원에 관한 연구」. 『한국정원학회지』11, 한국정원학회, 1993.
- 김학범·장동수, 『마을숲. 한국 전통 부락의 당숲과 수구막이』, 열화당, 1994.
- 남태호. 「도시 지역에 있어서 노거수의 잔존 요인 분석」, 경북대학교 대학원 석사학위논문, 1994.
- 문창국·김삼식, 「남해도의 수목(기 1)」, 『논문집』15(1), 경상대학교, 1976.
- 박상진 감수. 『천연기념물 도감』, 클나무, 2006.
- 박용진. 「성황당림의 입지 특성 및 이용에 관한 연구」, 『동해안 연구』6, 강릉대학교 동해안지역연구소, 1995.
- 박종민·이정택·변무섭, 「전북 지역 노거수 자원의 실태조사 분석에 관한 연구」, 『한국정원학회지』18(3), 한국정원학회, 2000.
- 부산광역시, 『부산광역시 보호수 현황』, 2012.
- 신세균·심우경, 「보호수의 관리실태 및 보호 대책」, 『한국정원학회지』10(2), 한국정원학회, 1992.
- 심근정·강신용·김수봉·김용수. 「농촌 지역 노거수의 변천과정과 보전 대책」, 『환경과학논집』4, 계명대학교 낙동강환경원, 1999.
- 심우경, 「한국 보호수의 상징적 가치와 보호대책」, 『한국정원학회지』9(1), 한국정원학회, 1991.

- 우보명, 「자연 보호면에서 본 노거수 보호대책」, 자연보존 341981.
- 유재은, 「경인지역의 노거수 자원」, 『자연과학논문집』18(1), 명지대학교 자연과학연구소, 1999.
- 이찬우, 『경남의 천연기념물 -자연물-』, 한국람사르환경재단, 2015.
- 이휘재, 『한국동식물도감 식물편(화훼류 II)』, 문교부, 1966.
- 이희봉, 「노거수의 보호 실태와 치료방법에 관한 연구」, 고려대학교 대학원 석사학위논문, 1998.
- 임경빈, 『천연기념물 식물편』, 대원사, 1993.
- 장은재·김종원, 『노거수 생태와 문화』, 월드사이언스, 2007.
- 조선총독부. 『朝鮮巨樹老樹名目誌』, 1919.
- 조선총독부임업시험장, 『朝鮮의 林藪』, 1938.
- 문화재청(http://www.cha.go.kr)

찾아보기

ㄱ

ㅇ

ㅈ

ㅌ

ㅍ

ㅎ

노거수와 마을숲

초판 1쇄 발행 • 2017년 11월 20일

지은이 • 정계준
펴낸이 • 이상경
부　장 • 박현곤
편집장 • 김종길
편　집 • 김종길, 유화정
디자인 • 김성은

펴낸곳 • 경상대학교출판부
주소 • 경남 진주시 진주대로 501
전화 • 055) 772-0801(편집), 0802(디자인), 0803(도서 주문)
팩스 • 055) 772-0809
전자우편 • gspress@gnu.ac.kr
홈페이지 • http://gspress.gnu.ac.kr
페이스북 • https://www.facebook.com/gnupub
블 로 그 • https://gnubooks.tistory.com
등록 • 1989년 1월 7일 제16호

이 도서의 국립중앙도서관 출판시도서목록(CIP)은 서지정보유통지원시스템 홈페이지(http://seoji.nl.go.kr)와 국가자료공동목록시스템(http://www.nl.go.kr/kolisnet)에서 이용하실 수 있습니다.
(CIP제어번호: CIP2017028476)